沙河西陈航运枢纽关键技术研究

刘 新 赵家强 马殿光 李华国 王常红◆著

河海大学出版社
HOHAI UNIVERSITY PRESS
·南京·

图书在版编目(CIP)数据

沙河西陈航运枢纽关键技术研究 / 刘新等著. --
南京：河海大学出版社，2022.12
ISBN 978-7-5630-7913-1

Ⅰ. ①沙… Ⅱ. ①刘… Ⅲ. ①水利枢纽—水利工程—研究—漯河 Ⅳ. ①TV63

中国版本图书馆 CIP 数据核字(2022)第 246926 号

书　　名　沙河西陈航运枢纽关键技术研究
　　　　　SHAHE XICHEN HANGYUN SHUNIU GUANJIAN JISHU YANJIU
书　　号　ISBN 978-7-5630-7913-1
责任编辑　张心怡
责任校对　章玉霞
封面设计　张世立
出版发行　河海大学出版社
地　　址　南京市西康路 1 号(邮编:210098)
电　　话　(025)83737852(总编室)
　　　　　(025)83722833(营销部)
经　　销　江苏省新华发行集团有限公司
排　　版　南京布克文化发展有限公司
印　　刷　苏州市古得堡数码印刷有限公司
开　　本　880 毫米×1230 毫米　1/32
印　　张　3.25
字　　数　76 千字
版　　次　2022 年 12 月第 1 版
印　　次　2022 年 12 月第 1 次印刷
定　　价　26.00 元

前言 | Preface

在我国平原河流水资源综合开发过程中，通过建设渠化枢纽对河道进行梯级渠化来抬高水头，并辅以航道疏挖等措施来满足通航要求是常用的工程手段之一。目前，渠化枢纽建设可依据的规范为《渠化工程枢纽总体布置设计规范》(JTS 182—1—2009)，其对枢纽布置大多提出要达到的目标和相关的技术要求，但对于具体如何布置则未给出明确详细的方法和说明，需靠技术人员的经验进行判断，因此导致一些枢纽在建成后存在这样或那样的技术问题。沙河西陈枢纽位于弯曲河段及汇流口段，如何使其布置更为合理，满足顺利通航要求，是亟待解决的难题。本书通过研究，提出弯曲河段及汇流口段枢纽总体布置技术，为枢纽设计建设提供科学依据。

沙河西陈航运枢纽位于河南省漯河境内，枢纽所在河段上下游河道蜿蜒曲折，枯水主槽由连续的四个弯道组成，主槽及边滩由粉质沙壤土组成，主槽两岸边滩滩坡土质较差，抗冲性能较弱。本书采用物理模型与自航船模试验相结合的方法，研究枢纽泄流、上下游通航水流条件及改善措施。物模和船模均设计为几何正态，比尺为1∶100。

本书在原有设计方案的基础上，进行了优化方案试验研究，并提出了推荐方案。在推荐方案各个工况下，船模均能顺利通过口门进入引航道或由引航道通过口门区、连接段航道顺利进入主航道，本成果为枢纽设计提供了技术支撑。

本书主要解决平原河流渠化枢纽通航问题，而在我国包括河南省的平原河网地区，存在大量已建的闸坝枢纽，这些枢纽稍加改造即可满足通航功能，有的需要通过新建枢纽实现水资源的综合利用。本书的技术成果具有广阔的应用前景，能够应用于上述大量平原河流枢纽航道建设中，为类似河流航道建设提供技术支持。

作者在编写本书的过程中，得到了交通运输部天津水运工程科学研究院李旺生研究员的悉心指导、张波副研究员的关心和大力帮助，在此表示衷心感谢。

作者

2022 年 12 月

目录 | Contents

第1章 研究背景

河南省水资源丰富，境内河流众多，分属长江、淮河、黄河、海河四大水系，发展内河航运具有比较优越的自然条件。沙颍河位于淮河左岸，是淮河最大的支流，干流全长约620 km，地跨豫皖两省40余县市，在安徽省颍上县沫河口入淮河。沙颍河通航历史悠久，是河南与外界沟通联系的重要水上通道。但在20世纪60年代以后，由于马湾、周口、沈丘、阜阳、颍上等处节制闸的兴建，未配套建设通航设施，沙颍河断航。

为了全面恢复沙颍河航运，在国务院大力支持和河南、安徽两省的共同努力下，沙颍河复航工程于1982年被纳入交通部(现交通运输部)《淮河流域航运规划报告》，于1987年被纳入《淮河流域航运规划要点报告》，于1995年被列入《全国内河水运主通道总体布局规划》。在《全国内河航道和港口布局规划（2006—2020年）》中，全国干线航道网规划为“两横”“一纵”“两网”“十八线”，沙颍河航道为“十八线”之一，规划航道等级为Ⅴ～Ⅳ级。至2009年，沙颍河干流周口以下段碍航闸坝问题基本得以解决，周口以下段由季节性通航变为常年通航。

2011 年 12 月 30 日，沙颍河周口至漯河段航运开发工程奠基仪式在周口举行，这标志着淮河最大支流的沙颍河航道在河南省实施了全线开发。为进一步延伸沙颍河服务范围，沙河漯河至平顶山段被列入《河南省公路水路交通运输“十二五”发展规划》。

沙颍河航运开发工程平顶山至漯河段，位于河南省漯河市、平顶山市境内，工程腹地是河南省经济较发达地区，是我国重要的煤炭、食品和粮食生产基地之一。农业资源丰富，工业较发达，矿产资源十分丰富，已探明矿藏 50 余种。煤炭保有储量约 250 亿 t，其中 40%外销。经济腹地内的矿产和农副产品，特别是煤及其他非金属矿产及建筑材料等是省外急需的货类，其中煤炭大部分被运往长三角地区、湖南、湖北。然而，由于腹地铁路运输基本饱和，公路运输成本很高，资源开发开采受到一定限制，交通已经成为制约流域国民经济发展的“瓶颈”。沙颍河航运开发是腹地资源开发、经济发展的迫切要求。

沙颍河航运开发工程也是实施国家内河航道网规划需要。为加快推进河南省内河航运建设，尤其是沙颍河航运通道的建设，2015 年 9 月 15 日，河南省政府召开省长办公会议，专题研究沙颍河航运通道开发建设工作，形成了省长办公会议纪要（〔2015〕51 号），将沙河漯河至平顶山航运工程和沙颍河周口至省界航道升级改造工程作为一个项目包整体推进，会后成立了河南省沙颍河航运工程建设指挥部。2015 年 12 月，沙河漯河至平顶山航运工程全线开工。沙颍河航运工程被列入交通运输部“十三五”规划，各项建设工作有序推进。

拟建设的沙河（平顶山至漯河段）航运工程内容如下：航道全长约 95.56 km，通航等级为内河Ⅳ级航道标准，设计通航船舶为 500 t 级，航道尺度：2.3 m×50 m×330 m（水深×航宽×弯曲半径）；改建桥梁 6 座，通航净空尺度：净高 7 m，净宽 90 m；新建西陈船闸、马湾船闸、漯河船闸 3 座，规模为 120 m×18 m×3.2 m（闸室长×口门宽×门槛水深）；新建西陈节制闸 1 座，闸室总宽 142 m，共 10 孔，单孔净宽 12 m；新建平顶山港叶县港区、许昌港襄城港区、漯河港舞阳港区、漯河港堰城港区 4 座港区。但在新建西陈枢纽工程建设中，仍有众多问题亟待解决，主要包括：①西陈枢纽位于沙河和北汝河汇合口下游约 1 800 m 处，当河道来流较大时，北汝河河口和上游引航道口门区连接段航道横流较大，同时代表船队船身较长，船舶能否顺利进出上引航道；②拟建泄水闸能否满足泄流要求；③下游引航道口门区处于弯道段，是否会对通航安全产生影响。因此，需对西陈枢纽平面布置、上下游引航道口门区通航水流进行专题研究，以适应工程建设的需要，为工程顺利实施提供技术支撑。本项目主要包括以下三个方面的内容。

（1）西陈枢纽泄流能力研究。通过枢纽整体模型试验等研究手段，对西陈枢纽泄水闸孔口尺寸进行验证，以保证泄水闸能够满足泄流要求。

（2）西陈枢纽上游引航道、口门区及连接段通航水流、船舶航行条件以及改善措施研究。通过枢纽整体模型及船模试验等研究手段，对设计方案河道不同来流与枢纽调度组合情况下船闸引航道、口门区、连接段通航水流条件进行研究，寻求通航安全影响因素，进行方案优化研究，提出船闸引航道、口门区通航水流条件的改善措施。

（3）西陈枢纽总平面布置方案研究。通过研究，提出西陈枢纽总体布置优化方案，为枢纽设计建设提供科学依据。

本研究所产出的技术成果能应用于工程枢纽建设，为枢纽设计提供技术支撑。

第2章 西陈枢纽河段概况

2.1 河段概况

西陈枢纽位于沙颍河上游，枢纽上游1.8 km处存在北汝河和沙河汇流，下游存在连续弯道。

西陈枢纽所在河段上下游河道蜿蜒曲折，沙河枯水主槽由连续的四个弯道组成，逆时针弯道一顺时针弯道一逆时针弯道一顺时针弯道（即1#、2#、3#和4#弯道），其中西陈枢纽位于2#和3#弯道间相对顺直的河段内，上游口门区连接段位于2#弯道，下游口门区连接段位于3#弯道。

西陈枢纽所在断面为复式断面，河槽呈U形，宽滩浅槽，两岸堤距890 m；左堤背水侧地面高程72.7 m（1985国家高程基准，下同）左右，堤顶宽5 m，堤顶高程75.7 m，内外边坡1∶3.0；左岸滩地宽55 m，高程73.2 m左右；河槽口宽约180 m，河底宽约110 m，高程60.0 m左右，岸坡系数2.5～3.5；右岸滩地宽655 m，高程约72.9 m，现状为农田；右堤堤顶宽4 m，堤顶高程75.2 m，内外边坡1∶3.0；右堤背水侧地面高程 73.2 m 左右。河道主槽及边滩均为粉质沙壤土，主槽两岸边滩滩坡土质较差，抗冲性能较弱。

2.2 水利设施概况

工程研究河段上游存在沙河与北汝河汇流，主支流上游存在多座水库及闸坝等水利工程设施。与西陈枢纽密切相关的水利工程有如下几个：北汝河上游已建有大陈闸（襄城县大陈村附近），沙河上游已建有昭平台水库、白龟山水库、孤石滩水库，下游现存有泥河洼滞洪区，在西陈枢纽建设基础上拟再建马湾拦河闸、漯河节制闸作为沙河梯级开发工程。其水利设施概况介绍如下。

2.2.1 沙河漯河上游大型水库及滞洪区

（1）上游大型水库基本情况

沙河漯河以上共有昭平台、白龟山、孤石滩 3 座大型水库。昭平台水库位于沙河干流上游，集水面积 1 430 km^2，于 1970 年 10 月建成。2000 年维修以后，水库防洪标准达到 100 年设计、5 000 年校核标准。拦河大坝：主坝长 2 315 m，副坝长 923 m。尧沟溢洪道：设 5 孔 10 m×10 m 闸门，最大泄量 4 680 m^3/s。杨家岭非常溢洪道：设 16 孔 10 m×9 m 闸门，最大泄量 9 152 m^3/s。水电站：建设有一、二级发电站，共 6 台机组，总装机容量 7 700 kW。

白龟山水库在沙河干流、昭平台水库下游，与昭平台水库形成梯级水库，集水面积 2 740 km^2（其中昭昭平台水库至白龟山水库区间流域面积 1 310 km^2）。水库始建于 1958 年，作为平顶山市的主要水源，每年可向平顶山市供水约 6 870 万 m^3。大坝为均质土坝，主坝长 1 470 m；副坝长 16 200 m，两坝之间的白龟山上设有泄洪闸。

孤石滩水库在沙河右岸支流澧河上游，集水面积 2 852 km^2，于 1976 年建成。1997 年，孤石滩水库进行加固，总库容和防洪库容均有增加。

（2）泥河洼滞洪区

沙颍河流域现有泥河洼滞洪区，位于漯河以西 30 km 的沙、澧河之间的低洼易涝地区，设计蓄水位 68.00 m，设计滞蓄水量 2.36 亿 m^3。泥河洼主要滞洪工程设施有马湾拦河闸、马湾进洪闸、罗湾进洪闸、纸房退水闸等。泥河洼滞洪区自建成以来，进洪多次，对控制漯河以上沙河干流、北汝河、澧河洪水起到了很大作用。

2.2.2　马湾拦河闸

马湾拦河闸位于漯河市舞阳县马湾村，设计过闸流量 2 850 m^3/s。新建马湾船闸位于拦河闸北侧，船闸中心线与拦河闸中心线平行，相距 213 m，其中相隔陆域部分为 160 m。布置范围为 49K+850 至 51K+310，总长约 1.46 km。

2.2.3　漯河节制闸

漯河节制闸位于漯河市区东北方向小闫庄沙河干流上。该节制闸采用 9 孔开启式平卧门结构方案，单孔净宽 12 m，闸室总宽 130 m。右侧设地下发电站，电站设两台轴伸贯流式机组，总装机容量 2×100 kW。节制闸按 20 年一遇洪水设计、50 年一遇洪水校核，闸址处设计、校核流量均采用 3 000 m^3/s，设计蓄水水位 57.50 m，最小下泄流量 1.0 m^3/s。

2.3 水文、泥沙概况

2.3.1 水文特性

沙河漯河至平顶山段沿线有马湾水文站和漯河水文站。两个水文站具有连续 30 年的实测资料，系列为 1980—2010 年。

据统计，沙河径流年际间变化较大，马湾站多年平均年径流量 13.05 亿 m^3（多年平均流量为 41.1 m^3/s），最大年径流量为 1983 年的 34.8 亿 m^3，最小年径流量为 2002 年的 3.165 亿 m^3，最大年径流量约是最小年径流量的 11.0 倍；径流年内分配也极不均匀，从多年平均情况看，来水量主要集中在汛期，7—9 月的来水量占年内总来水量的 53.8%。最大流量为 3 079 m^3/s（2000 年 7 月 5 日），最小流量为 0 m^3/s，在 1981—2010 年中每年都有发生。由此可见，研究河段年内水量分配极不均匀，洪水季水位暴涨暴落，虽为平原河流，但来水却呈山区河流特征。

2.3.2 泥沙特性

工程河段无泥沙观测资料，根据《沙河漯河节制闸工程可行性研究报告》，漯河水文站的控制流域面积 12 580 km^2，漯河的多年平均输沙模数采用 200 t/（km^2 · a），相应悬移质输沙量为 251.6 万 t，多年平均含沙量为 1.11 kg/m^3。

第3章 模型设计、制作及船模校准

3.1 整体模型设计及制作

3.1.1 制模资料

（1）西陈枢纽坝址河段1：2 000地形图（2016年4月测图）；
（2）西陈枢纽设计方案泄水闸总平面布置图、纵剖面图；
（3）西陈枢纽设计方案平面布置图；
（4）沙河漯河至平顶山航运工程漯河港至北汝河口段航运工程——西陈枢纽初步设计。

3.1.2 模型范围

模型进出口延伸至沙河与北汝河汇流口以上2 300 m，出口布置在下游口门区3#弯道以下3 000 m，见图3-1。模拟河段长度为8.6 km，主河道一般宽度为100～200 m。模拟河段进口由流量计控制流量，下游由尾门控制水位；沿程共设13把水尺，其中左岸8把，右岸5把。

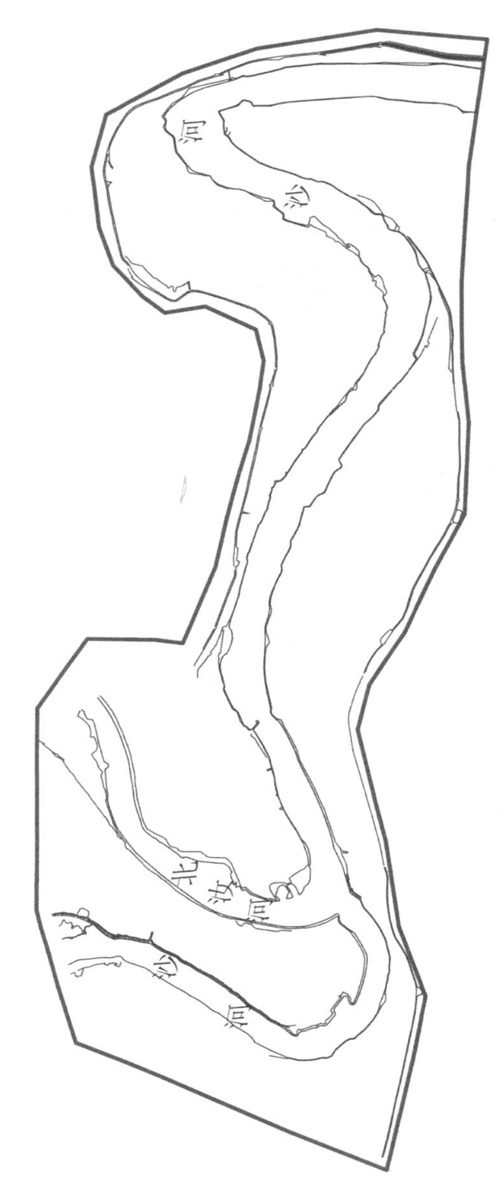

图 3-1　模型范围示意图

3.1.3　模型比尺设计

由于需进行船模试验，同时考虑到原型模拟范围、场地大小和供水情况，确定定床物理模型采用几何比尺 $\lambda_L=100$ 的正态模型。试验需满足水流连续性相似、重力相似和阻力相似条件，其比尺如下：

流速比尺：$\lambda_V=\lambda_L^{1/2}=10$；

流量比尺：$\lambda_Q=\lambda_L^{2.5}=100\ 000$；

糙率比尺：$\lambda_n=\lambda_L^{1/6}=2.154$。

采用断面法制模。同时，根据西陈枢纽总平面布置图进行枢纽制作，其中船闸部分采用塑料板制作。本河段糙率 $n_p=0.025\sim0.03$，相应模型糙率 $n_m=0.012\sim0.014$，因此，采用水泥砂浆抹面、拉毛即能满足要求。模型主体完成后，进行局部地形制作。

3.2　船模设计及制作

3.2.1　试验船型的选择和船模主要尺度

西陈枢纽上下游航道为Ⅳ级航道，可最大通航 500 t 级船舶（队）。收集与《内河通航标准》（GB 50139—2014）（以下简称《标准》）中列举的船型相同或相近的船型资料（如线型图、整体布置图、桨图和舵图等）。根据设计要求，试验中选取 1 顶＋2×500 t 级顶推船队作为本试验的代表船型，设计代表船型尺度详见表 3-1。

表 3-1　设计代表船型尺度表

船型吨级	拖（推）轮 长×宽×吃水 （m×m×m）	驳　船 长×宽×吃水 （m×m×m）	船　队 长×宽×吃水 （m×m×m）	备 注
1顶＋2×500 t	19×8.0×1.9	45×10.8×1.8	111×10.8×1.9	设计代表船型

3.2.2　船模相似条件

船模在水中运动，是模拟实船航行中船、水、风等参数相互作用的综合反映，显然这个力学过程的模拟，应该满足一定的相似条件。根据《内河航道与港口水流泥沙模拟技术规程》（JTS/T 231—4—2018）（以下简称《规程》），用于通航条件试验的船模，应该满足几何相似和重力相似条件。对于满足几何相似条件的船模，其几何尺度、形状、吃水和排水量都应与实船相似；对于满足重力相似条件的船模，其运动速度及时间也应与实船相似。

根据量纲分析，对于满足几何相似和重力相似的几何正态的船模，其物理量之间的比尺关系如下：

吃水比尺：$\lambda_T = \lambda_L$；

排水量比尺：$\lambda_W = \lambda_L^3$；

速度比尺：$\lambda_V = \lambda_L^{1/2}$；

时间比尺：$\lambda_t = \lambda_L^{1/2}$。

3.2.3　船模比尺

在进行船模设计时，其比尺既不能太大，也不能太小。比尺大，试验场地、供水系统等可能无法满足；比尺小，其尺度、排水量就很小，船模的控制、动力等设备将无法安装。目前，国内中小型船舶模型的比尺多在1∶50～1∶150，本试验整体模型比尺为1∶100，能满足船模试验精度要求。按比尺关系，可求得各主要比尺（表3-2）。

表3-2　船模比尺列表

名称	几何比尺	吃水比尺	排水量比尺	速度比尺	时间比尺
符号	λ_L	λ_T	λ_W	λ_V	λ_t
数值	100	100	1 000 000	10	10

3.2.4　船模的制作

船体采用玻璃钢进行制作。先按实船的线型图分别做出船体的外形阳模，再用阳模翻制出船体阴模，然后在阴模中浇制玻璃钢船体。经过整形、上隔舱、封甲板、打磨、刷漆等工艺，制作出满足外形尺度、强度等要求的玻璃钢船体。根据《规程》的要求，船模在制作过程中主要严格控制船体水线以下部分尺寸的精确性；对上层结构则进行了简化，以便减轻重量。

3.3　船模与实船的相似性校准

在进行船模航行试验前，需要对船模的静水性能和运动性能进行校准，使其满足试验要求。内河船舶的静水性能主要是指船舶在静水中的吃水、排水量、浮态以及重心位置等。船模制作完成后，根据实船资料，对船模进行精心配载，从而使船模与实船在静水中的排水量、吃水及平面重心位置达到相似要求。内河船舶的运动性能主要是指其在航行过程中的操纵性能。船舶在航行过程中，为了尽快到达目的地和减少燃料消耗，驾驶者总是力求船舶以一定的航速沿直线航行；而当在预定的航线上发现障碍物或其他船舶时，为了避免碰撞，驾驶者又要使船舶改变航速或航向。船舶受驾驶者的操纵而保持和改变其运动状态的性能，称为船舶的操纵性。在进行船模航行试验前，需要对其运动性能进行校准，以达到相似性和满足试验要求。

（1）船模试验航速的选择及其率定

参照目前国内研究船闸引航道口门区及连接段的通航水流条件时的试验方法，结合该河段的水流条件，确定本次试验，在静水中分别率定 2.0 m/s、3.0 m/s、4.0 m/s、4.5 m/s 和 5.0 m/s 五挡航速（这 5 挡航速为原型航速）。在保证船模直航稳定的前提下，调整螺旋桨的转速，使船模的航速达到设定值。

（2）船模操纵性尺度效应修正

船模与实船之间的运动差异是由于模型与实物间相似条件不能全部满足而给换算带来误差，称之为“尺度效应”。通航船模除了几何相似条件、运动相似条件和部分动力相似条件满足外，仍有许多动力相似条件不满足，其中有的影响不大，有的影响较大，如雷诺数。由于船模雷诺数低于实船，船模摩擦阻力系数比实船大，为了克服对应的较大阻力增量，推进器的负荷必然要加大，需要更大的推力，使之与摩擦阻力增量相抵消，以满足速度的相似条件，这样船模尾部就形成了强尾流，加大了舵前来流速度，提高了舵的转船力矩，同时也加大了舵的阻尼，从而船模舵效比实船好。现减小舵面积，即使加大推进器负荷，增加尾流强度，但作用在舵面积上的转船力矩和舵阻尼力矩与原舵型的情况相当。20 世纪 70 年代的葛洲坝水利枢纽工程的通航船模之航行试验就是采用此方法，收到满意的效果。由于本项目没有试验船型的实船操作性验证资料，因此按类似船型和比尺船模的试验结果，采用减小舵面积的方法来修正其尺度效应的影响。本次试验采用的船模均在展弦比不变的前提下减小 20％的舵面积，从而达到修正尺度效应效果。

第4章 有关通航标准

4.1 航道建设标准及船闸通航控制水位

（1）航道建设标准

该航道建设按照沙河（漯河至平顶山）航运工程要求，经枢纽渠化后达到内河Ⅳ级航道标准，即航道尺度为2.3 m×50 m×330 m（水深×航宽×弯曲半径）。

（2）枢纽设计特征水位

西陈枢纽船闸特征水位如表4-1所示。

表4-1 西陈枢纽船闸特征水位表

项目	单位	上游	下游
防洪水位	m	74.15	73.92
设计最高通航水位	m	68.86	67.53
设计最低通航水位	m	68.00	61.20
正常蓄水位	m	68.00	—
最高挡水位	m	68.86	—

4.2　有关通航标准

（1）通航水流条件

按照《标准》要求，内河Ⅳ级航道的口门区表面流速：在口门区的有效水域范围内，纵向流速 $V_y \leqslant 2.0$ m/s，横向流速 $V_x \leqslant 0.3$ m/s，回流流速 $V_0 \leqslant 0.4$ m/s。另外，在引航道口门区宜避免出现影响船舶、船队航行的漩水、乱流等不良水流条件。

对于引航道口门区外的连接段通航水流条件，目前没有明确规定，李一兵研究员等通过研究认为：口门外连接段仍然采用纵向流速、横向流速和回流流速指标来衡量，对于Ⅰ～Ⅳ级船闸来说，其相应标准为：纵向流速≤2.5 m/ s ，横向流速≤0. 40 m/s ；当连接段回流长度接近船舶、船队长度时，回流流速≤0.3 m/s。另外，连接段的中心线与河流主流流向之间的夹角应尽量缩小，此夹角不宜大于 10°。

（2）船模航行状态判别标准

船舶在航行过程中，其航行状态取决于水流条件与船舶本身的动力特性及其操纵性能。在一定的水流条件下，船舶的航行状态一般由船舶的航行轨迹、舵角、航向角、漂角等航行参数来反映。为使船舶能够以较好的航行状态进出口门区及连接段，《船闸总体设计规范》（JTJ 305—2001）和《标准》对水流条件有相应的规定。但如何判别船舶航行状态的优劣，目前还没有相应的标准。“七五”期间，在研究三峡船闸引航道口门区的通航条件时，对船模航行过程中的舵角及漂角值做了相应的限定，即舵角应小于 20°，漂角应小于 10°，且不能长时间使用大舵角，并以此来判别航行状态的优劣。

船舶或船队在航道航行时一般采用船队上行对岸航速不小于某一限值来评价其优劣。不同的航道有不同的限值标准，这里参照长江三峡建成后汉渝间航行的船队上行对岸航速不得小于 4 km/h（1.11 m/s）的规定执行，船模在航道航行时，以此指标来判断船队上行的难易程度。

第 5 章　模型验证试验

本试验范围内水尺布置及航道里程如图 5-1 所示，枢纽上游水位观测位置于水尺左 2 处，枢纽坝址水位观测位置于水尺左 3 处，下游水位观测位置于水尺左 5 处，水尺左 8 位于模型出口段，作为模型的尾门控制水尺。模型以设计单位提供的天然河道航道里程 L_{32} 处（对应模型左 8 水尺）水位流量关系资料作为模型尾门控制依据。

5.1　验证资料

因研究河段缺乏实测天然资料，相关水文研究专题单位提供了数学模型计算的水位资料，但无流速分布资料，故模型验证只进行水位验证。

5.2　模型验证

模型试验采用流量计控制模型流量，调节尾门控制下游水位，当水流稳定后同步观测流量以及沿程水位。

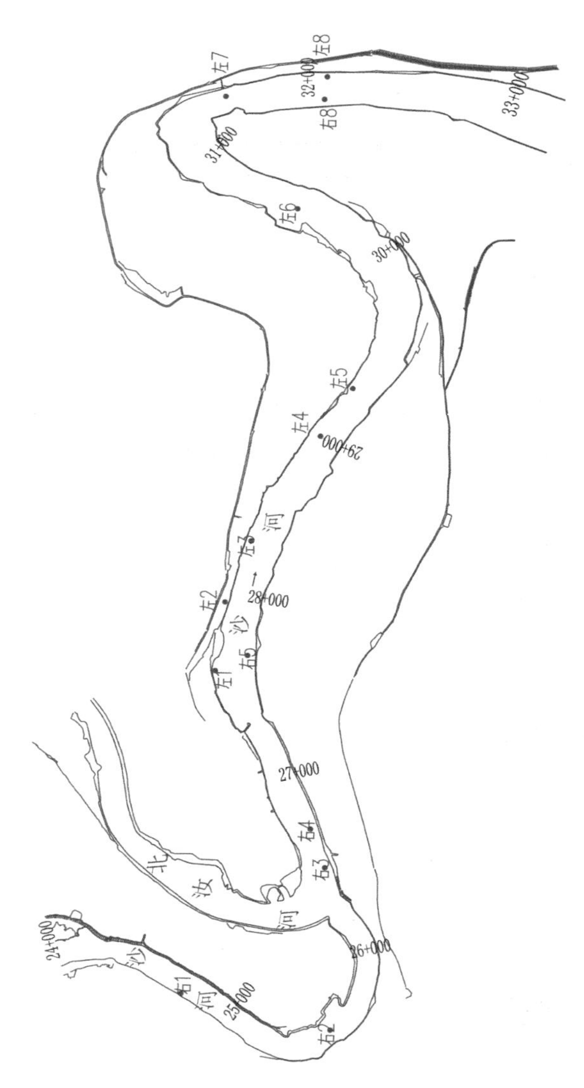

图 5-1 试验范围内水尺布置及航道里程

根据相关水文研究专题单位提供的300 m^3/s、1 100 m^3/s及2 000 m^3/s沿程水位资料（表5-1），进行模型验证。

模型验证结果见表5-2。三级流量下模型水位与原体水位的偏差均在0.050 m以内，最大差值仅为0.034 m，满足模型与原体阻力基本相似的要求。

表 5-1　模型验证资料

流量级（m^3/s）	沿程水位（m）							
	L_{26+600}	L_{27}	L_{28}	L_{29}	L_{30}	L_{31}	L_{32}	备注
300	65.306	65.121	64.772	64.591	64.538	64.512	64.031	
1 100	68.150	67.993	67.712	67.540	67.463	67.409	67.086	最高通航流量
2 000	71.023	70.862	70.658	70.530	70.459	70.394	70.111	

表 5-2 模型水位验证结果

断面号	不同流量下的水位（m）								
	300 m^3/s			1 100 m^3/s			2 000 m^3/s		
	天然	模型	差值	天然	模型	差值	天然	模型	差值
L_{26+600}	65.306	65.280	0.026	68.150	68.166	−0.016	71.023	71.015	0.008
L_{27}	65.121	65.090	0.031	67.993	67.980	0.013	70.862	70.859	0.003
L_{28}	64.772	64.760	0.012	67.712	67.680	0.032	70.658	70.630	0.028
L_{29}	65.591	64.563	0.028	67.540	67.573	−0.033	70.530	70.516	0.014
L_{30}	64.538	64.504	0.034	67.463	67.471	−0.008	70.459	70.462	−0.003
L_{31}	64.512	64.498	0.014	67.409	67.398	0.011	70.394	70.415	−0.021
L_{32}	64.031	64.031	0.000	67.086	67.086	0.000	70.111	70.111	0.000

第6章 天然条件下研究河段水流特性试验

研究河段实测天然资料较少，因此很难通过实测资料对河道水流特性以及拟建工程与河道水流条件相互影响进行分析和判断：不同来流条件下水流如何变化，总平面布置是否恰当以及水流条件变化对船舶通航影响怎样，凡此种种涉及工程建设的水流问题都不得而知。因此，需通过模型试验进行不同流量下水位、流速和流态的观测，既增强对本河段水流特性的认识，也对枢纽建设后，该河段通航可能存在的问题有所了解，以便寻求合理有效的措施，解决存在的通航水流条件问题。

6.1 天然水流特性试验流量级的确定

为了全面了解和把握天然水流特性，考虑到试验中需进行的枢纽泄洪能力、引航道口门区及连接段通航水流条件研究等内容特点，确定了对包含中洪水的6个试验流量级（北汝河与沙河中枯水固定汇流比为1.42：1）进行试验，具体如表

6-1 所示。

表 6-1　模型试验流量级及控制水位

序号	流量（m^3/s）	尾门控制水位（m）	备注
1	300	64.031	中水流量
2	500	64.860	中水流量
3	1 100	67.086	最高通航流量
4	1 500	68.417	洪水流量
5	2 000	70.111	洪水流量
6	3 500	73.660	校核洪水流量

6.2　水位、比降变化特征

西陈枢纽河段沿程水位变化如表 6-2 所示，不同流量下研究河段水位沿程变化见图 6-1。由图可见，各级流量下，水位变化平缓，无明显跌水。河道来流在 1 500 m^3/s 以上时，拟建枢纽上游河道水位超过设计最低通航水位 68.00 m，当河道来流大于 1 500 m^3/s 时，进行敞泄是可以达到设计通航要求的。当流量小于等于 1 100 m^3/s 时，需要调节泄水闸开启高度，才能使枢纽上游水位达到设计通航要求。由天然试验所测水位可知，当发生 2 000 m^3/s 的洪水时，枢纽河段水位介于 70～71 m，而边滩高程大都为 72～74 m，大部分水流位于主槽内。当发生 3 500 m^3/s 的洪水时，水流开始漫滩，考虑到滩面高点对水流阻隔，滩地水流几乎为静水，因此滩地泄流能力非常小。由此可见，河道行洪能力仍由主槽通过流量决定。

表 6-2　西陈枢纽河段沿程水位

水尺	不同流量下的水位（m）					
	300 m³/s	500 m³/s	1 100 m³/s	1 500 m³/s	2 000 m³/s	3 500 m³/s
右 3	65.28	66.03	68.17	69.40	71.02	74.12
右 5	64.87	65.66	67.78	69.10	70.71	74.01
左 1	64.82	65.54	67.70	69.21	70.65	73.95
左 2	64.76	65.56	67.68	69.02	70.63	73.94
左 4	64.56	65.44	67.57	68.89	70.52	73.90
左 6	64.50	65.33	67.43	68.77	70.44	73.83
左 7	64.26	65.08	67.24	68.57	70.26	73.75
左 8	64.03	64.86	67.09	68.42	70.11	73.66

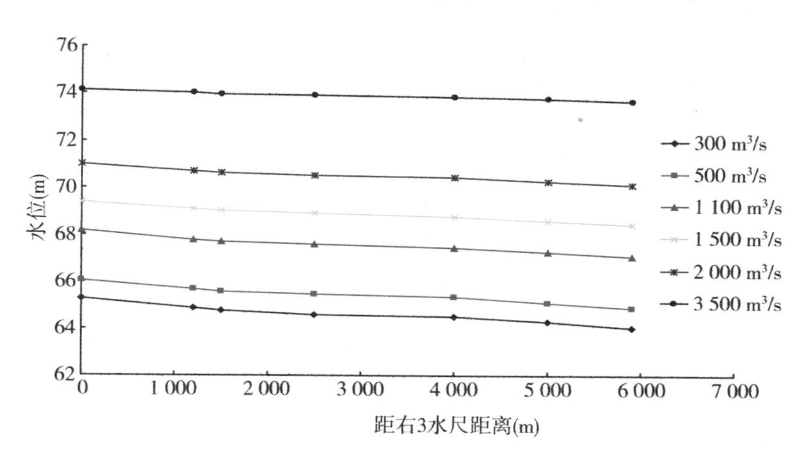

图 6-1　不同流量下研究河段水位沿程变化图

表 6-3 为研究河段沿程各水尺间的模型实测水面比降。由表可见，研究河段具有典型冲积性河流比降特征，比降较小，

各级流量下比降均小于 1‰，且沿程变化平缓。随着流量的增加，最大比降逐渐减小，300 m^3/s、500 m^3/s、1 100 m^3/s、1 500 m^3/s、2 000 m^3/s、3 500 m^3/s 流量下的最大比降分别为 0.371‰、0.339‰、0.347‰、0.270‰、0.275‰、0.233‰，300m^3/s 流量下的比降最大，而且最大局部比降的位置比较一致，均发生在右 5 水尺和左 1 水尺之间。

表 6-3　西陈枢纽河段沿程水尺间水面比降

水尺	不同流量下的水面比降（‰）					
	300 m^3/s	500 m^3/s	1 100 m^3/s	1 500 m^3/s	2 000 m^3/s	3 500 m^3/s
右 3	0.340	0.310	0.318	0.247	0.252	0.092
右 5	0.371	0.339	0.347	0.270	0.275	0.233
左 1	0.197	0.120	0.107	0.133	0.114	0.040
左 4	0.041	0.073	0.092	0.081	0.052	0.047
左 6	0.237	0.255	0.193	0.202	0.176	0.080
左 7	0.259	0.239	0.173	0.166	0.169	0.100

6.3　流速分布与流态

研究河段上下游河道蜿蜒曲折，主槽与两岸防洪大堤间均为边滩，滩槽高差较大，受地形约束，主流大部分被限制在主槽范围内。

由模型试验可知，当流量为 300 m^3/s 时，河道水流平缓，沿程最大流速为 1.60 m/s，发生在北汝河及沙河汇流口段，其余河段流速大都在 1.0 m/s 以下，流速分布均匀，无不良流态。随着来流的增加，水动力逐渐增强。当流量为 500 m^3/s

时，主槽流速一般在 0.8 ～1.2 m/s，最大流速为 2.0 m/s 左右，发生在两河汇流口上游 300 m 的沙河河段内；随着流量的增加，沿程流速均明显增大，当流量为 1 100 m^3/s 时，主槽流速一般在 1.0～1.5 m/s，最大流速为 2.13 m/s（最大流速发生位置与流量为 500 m^3/s 时的相同）；当洪水流量为 1 500 m^3/s 时，主槽流速一般在 1.1～1.7 m/s，最大流速为 2.16 m/s（最大流速发生在航道桩号 27K＋400 处）；当洪水流量增大到 2 000 m^3/s 时，主槽流速一般在 1.2～1.8 m/s，最大流速为 2.28 m/s（最大流速发生在航道桩号 27 K ＋400 处）。当流量为校核洪水流量 3 500 m^3/s 时，主槽流速一般在 2.0～2.5 m/s，最大流速为 3.20 m/s。

由此可见，一般条件下，河道流速小于 3.0 m/s，比较有利于船舶通航。

第7章 西陈枢纽设计方案试验研究

7.1 西陈枢纽设计方案布置

新建西陈枢纽船闸闸址拟选择在北汝河河口下游1.8 km处的西陈村附近，建设标准为Ⅳ级船闸，建设规模120 m×18 m×3.5 m（闸室有效长度×口门宽×门槛水深），引航道设计水深3.2 m。西陈枢纽工程主要建筑物为西陈节制闸和西陈船闸。新建西陈枢纽节制闸布置在原河床位置，船闸布置在右岸滩地，节制闸、船闸和现有堤防之间采用桥梁连接。枢纽总体布置自右至左依次为：右侧连接段415.0 m、船闸（总宽）34.2 m、中间连接段230.5 m、10孔节制闸（总宽）142.0 m、左侧连接段68.5 m。枢纽总体布置见图7-1。

西陈节制闸布置于沙河干流主河床上，闸中心线与弯道上、下游河道中心线平顺相接。节制闸共布置10孔，单孔净宽12 m，泄流总净宽120 m，水闸采用两孔一联结构，共设5联，总挡水宽度142 m。闸底板顶高程60.0 m，闸顶高程

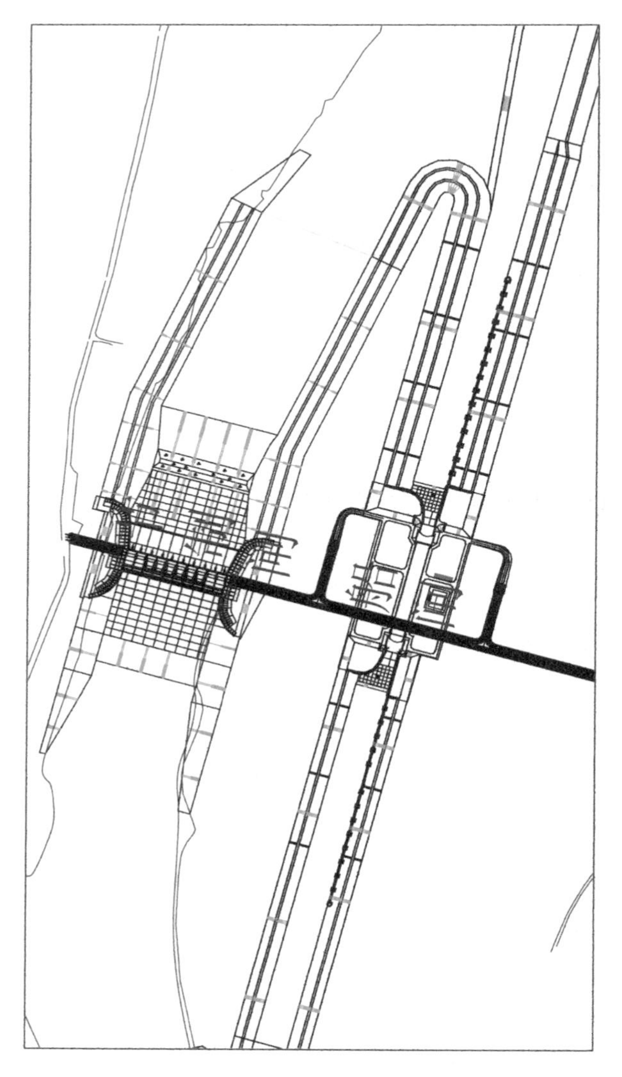

图 7-1　西陈枢纽设计方案平面布置图

76.2 m。闸顶设交通桥，桥面宽 8.0 m，桥顶高程 76.2 m，设计荷载按公路一Ⅱ级考虑。水闸岸墙顺水流方向长 30 m，顶高程 76.2 m，底高程 59.0 m。水闸上游翼墙采用圆弧布置形式，半径 50 m，圆心角 77°。下游侧翼墙采用直线与圆弧结合的布置形式，消力池段两岸翼墙直线布置，长 45 m，海漫段两岸翼墙采用圆弧布置形式，圆弧半径 300 m，圆心角 90°。水闸上游设 C20 钢筋混凝土铺盖结构，厚度取 0.4 m，顺水流方向长 40 m。护坦上游设长 20 m 的混凝土框格梁填浆砌石护底，厚 0.3 m。水闸下游设综合式消能工。消力池连接段坡度取 1∶4，其水平投影长 8.0 m，水平段池长 35.0 m，消力池总长 45 m，池深 2.0 m，池底高程 58.0 m，消力池底板厚 1.0 m。在消力池水平段以梅花形布置 ϕ100 排水管，排距及孔距均取 2 m。消力池下游设海漫，混凝土框格梁填浆砌石海漫，长 50 m，厚 0.5 m，在海漫段以梅花形布置 ϕ100 排水管，排距及孔距同消力池。海漫末端设抛石防冲槽，防冲槽深度取 3.0 m，长度取 30.0 m。水闸采用弧形钢闸门挡水，液压式启闭机启闭，启闭机室布置在下游闸墩墩顶。在弧形闸门上游设检修门槽，采用移动式门机操作。水闸岸墙采用钢筋混凝土空箱扶壁结构，顺水流方向长 30 m，顶高程 76.2 m，底板底高程 59.0 m，空箱内设隔墙，扶壁位置与空箱内隔墙位置相对应。上、下游翼墙均采用钢筋混凝土扶壁结构，结合现状地形，上、下游翼墙顶高程均为 73.0 m，扶壁结构段长度为 15 m。考虑水闸进出水流平顺，尽量减少对周边建筑物的影响，上、下游河道采用灌块石进行局部护坡。护坡范围上至上游铺盖段，下至上游抛石防冲槽。西陈节制闸按沙河 20 年一遇洪水设计、50 年一遇洪水校核，下泄流量均为 3 500 m^3/s，超过部分漫滩行洪。

西陈船闸布置在沙河右岸滩地，通过开挖导航渠与上下游河道贯通衔接。船闸中心线与节制闸中心线平行，二者中心线相距 310 m，船闸及上下游引航道长 2 000 m，布设在航道桩号 25K+000～27K+000 范围内。西陈船闸上、下游引航道平面布置采用半对称式，上、下游船舶进出闸方式均为直线进闸、曲线出闸。上、下游引航道直线段长度分别为 508 m 和 590 m，引航道底宽 45 m。上、下游主导航建筑物均布置在右侧，水平投影长 120 m，左侧辅导航墙以半径为 70 m 的圆弧与引航道护岸相连；上、下游靠船段各设 14 个靠船墩，间距为 20 m，总长 280 m。船闸上、下游引航道中心线与航道中心线分别以 R1 000 m、R500 m 相连。

7.2 泄流能力研究

7.2.1 泄流能力试验工况的确定

该试验主要是验证当上游发生洪水时，枢纽泄水闸泄流能力能否确保洪水安全下泄，是否会对两岸堤防产生不良影响。因此，泄流能力试验只需选择洪水流量进行研究即可。

西陈枢纽设计洪水与校核洪水均为 3 500 m^3/s，因此只对该流量级进行泄流试验。当本河段来流为 3 500 m^3/s 时，河道沿程节制闸均处于敞泄状态。西陈枢纽水闸泄流能力试验工况及下游水位见表 7-1。

表7-1　水闸泄流能力试验工况表

工况	结构布置方案	水闸下泄流量（m^3/s）	下游左3水尺水位（m）
1	12 m×10孔 闸槛60.0 m高程	3 500	73.90

7.2.2　泄流能力试验成果

西陈枢纽泄水闸位于2#弯道与3#弯道之间，河道相对顺直，主流位于河道中间，因此，中间泄水闸泄流能力要强一些。图7-2为西陈枢纽泄水闸泄流时下游流态图，由图可见：通过泄水闸中部闸孔水流流速明显大于左右侧闸孔，说明中间闸孔泄流能力强于左右侧闸孔泄流能力，同时泄水闸轴线布置基本垂直于水流方向，这种轴线布置有利于泄水闸洪水下泄。

表7-2为水闸泄流能力试验成果表。由表可见，当流量Q＝3 500 m^3/s时，上游水位为74.09 m，下游水位为73.90 m，上下游水位差为0.19 m。根据《水闸设计规范》（SL 265—2016），一般情况下，平原地区水闸的过闸水位差不得大于0.30 m。工程前，水闸上游左1水尺水位为73.95 m；设计方案下，水闸上游左1水尺水位为74.09 m，工程前后水位壅高值为0.14 m，满足《渠化工程枢纽总体布置设计规范》（JTS 182—1—2009）要求的水位壅高值不宜超过0.3 m的要求。由试验结果可知：建闸后，10孔泄水闸能够满足泄流能力的要求。

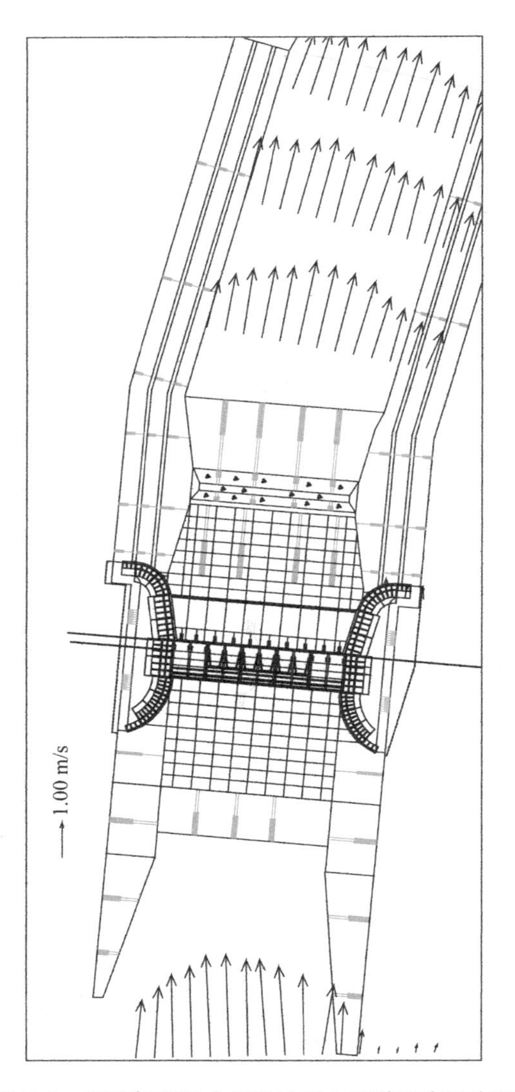

图 7-2　西陈枢纽泄水闸泄流时上下游流态示意图

表 7-2　水闸泄流能力试验成果表

工况序号	结构布置方案	水闸下泄流量 (m^3/s)	上游水位 (m) 左 1 水尺	下游水位 (m) 左 3 水尺
1	12 m×10 孔 闸槛 60.0 m 高程	3 500	74.09	73.90

7.3　船闸引航道、口门区、连接段通航水流条件试验

7.3.1　通航试验工况的确定

模型进行了三个流量级的通航水流条件试验，分别为最高通航流量（1 100 m^3/s，3 年一遇设计洪峰流量）、枯季 3 年一遇设计洪峰流量（371 m^3/s）及 300 m^3/s 流量，三个流量级下都要通过控制闸门开启度以保证闸前水位。根据模型试验观察，当来流小于 300 m^3/s 时，枢纽上下游河道水流平缓，口门区连接段通航条件相对较好，因此流量在 300 m^3/s 以下为非研究重点。根据通航水流条件试验观察可知：上游来流流量越大，上下游口门区的水流条件越恶劣，对通航而言，也就越为不利。因此，选择上述三个流量级进行通航试验研究是合理的。在进行 1 100 m^3/s 流量进行通航试验时，考虑了最不利情况，即马湾闸上水位为最低通航水位（61.20 m）时的回水影响。西陈枢纽通航试验工况见表 7-3。

表 7-3　西陈枢纽通航试验工况表

工况	布置方案	水闸下泄流量 (m^3/s)	上游控制水位 (m)	尾门水位 (m)
1	12 m×10 孔 闸槛 60.0 m 高程	300	68.00	64.03
2		371	68.86	64.33
3		1 100	68.00	67.09
4		1 100	68.00	65.95

7.3.2　航线布置

试验代表船队为 1 顶+2×500 t 级顶推船队，船队尺度为 111 m×10.8 m×1.9 m，相应Ⅳ级航道尺度为 2.3 m×50 m×330 m（水深×航宽×弯曲半径）。

模型出上游引航道堤头后口门区直线段很短，紧接连接段航道，上游引航道堤头至其上游 420 m 范围内为船闸上游口门区、连接段航道，连接段为曲线布置，最小弯曲半径为 800 m，与主航道平顺衔接；下游引航道堤头至其下游 590 m 范围内为船闸下游口门区与连接段航道，口门区与连接段为直线布置。

7.3.3　设计方案船闸引航道、口门区及连接段通航水流条件试验

按照《船闸总体设计规范》（JTJ 305—2001）要求，口门区的宽度应与引航道宽度相同，长度应不小于 2.5 倍船长。根据规范要求，口门区的长度取为 300 m。将上游引航道堤头至其上游 300 m 范围内水流指标按照口门区指标进行分析；堤

头上游 300 m 至上游 420 m 范围内按照连接段指标进行分析。下游引航道堤头至其下游 300 m 范围内水流指标按照口门区指标进行分析；堤头上游 300 m 至上游 590 m 范围内按照连接段指标进行分析。

（1）引航道通航水流条件

在不同工况条件下，船闸引航道范围内水流流速几乎为零，即水流处于静水状态，适合船舶通过及停泊。

（2）上游口门区、连接段通航水流条件

在流量较小（如 300 m^3/s）的条件下，上游口门区、连接段流速较小，最大流速为 0.75 m/s，但水流与航线夹角较大，最大夹角为 18°。随着来流量的增大，口门区、连接段范围内水动力不断增强，横流逐渐增强，对船舶顺利进出上引航道产生不利影响。为了分析洪水时沙河与北汝河不同汇流比对船闸上游水流条件的影响，模型在 1 100 m^3/s 流量下进行了北汝河与沙河汇流比为 0∶10～10∶0 各种情况下船闸上游水流条件的试验，试验结果显示：由于上游连接段航道距离汇流口 680 m，在不同的汇流比情况下，上游连接段流速分布变化不大，说明不同的汇流比对上游连接段航道的流速影响较小。

图 7-3 为不同流量级下上游口门区、连接段最大流速变化图，附表 1 为 $Q=300\ m^3/s$ 时设计方案引航道口门区、连接段流速成果表，附表 2 为 $Q=371\ m^3/s$ 时设计方案引航道口门区、连接段流速成果表，附表 3 为 $Q=1\ 100\ m^3/s$ 时设计方案引航道口门区、连接段流速成果表，附表 4 为当马湾闸上水位为最低通航水位，$Q=1\ 100 m^3/s$ 时设计方案引航道口门区、连接段流速成果表。由图 7-3 及附表 1 可见，当上游来流为

300 m³/s 时，口门区范围内最大纵向流速为 0.66 m/s，小于《标准》规定的 2.50 m/s；最大横向流速为 0.33 m/s，稍大于《标准》规定的 0.30 m/s，但横流超标区域略小于一倍船长。连接段范围内最大纵向流速为 0.60 m/s，最大横向流速为 0.07 m/s，满足通航要求。

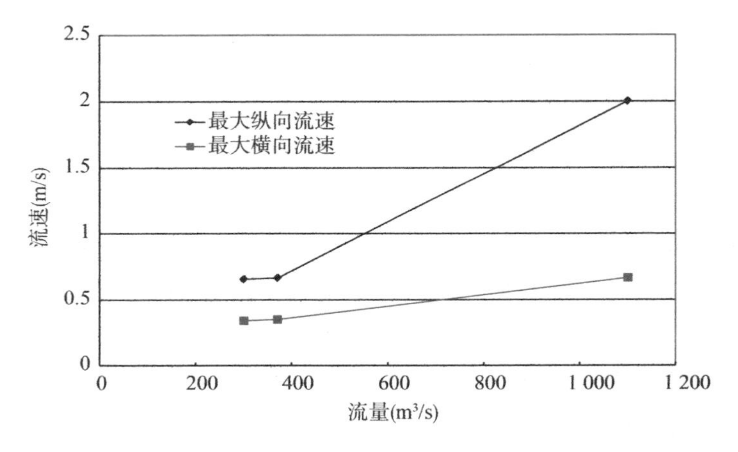

图 7-3　不同流量级下上游口门区最大流速变化图

由图 7-3 及附表 2 可见，当上游来流为 371 m³/s 时，口门区范围内最大纵向流速为 0.67 m/s，小于 2.50 m/s 的限制流速要求；最大横向流速为 0.35 m/s，大于 0.30 m/s，横流超标区域略小于一倍船长。连接段范围内最大纵向流速为 0.55 m/s，最大横向流速为 0.18 m/s，满足通航要求。

由图 7-3 及附表 3 可见，当上游来流为 1 100 m³/s 时，口门区范围内航道最大纵向流速为 2.00 m/s，小于 2.50 m/s 的限制流速要求；最大横向流速为 0.67 m/s，大于 0.30 m/s，横流超标区域超过一倍船长。连接段范围内最大纵向流速为

1.99 m/s，最大横向流速为 0.44 m/s，稍大于经验值 0.40 m/s。口门区及连接段范围内回流均不明显。

由上述可见，当上游来流为 1 100 m^3/s 时，上游口门区范围内均有比较明显的横流，通航水流条件不是很好，横流指标大于《标准》规定。

（3）下游口门区、连接段通航水流条件

图 7-4 为不同下泄流量时，下游引航道口门区最大流速沿程变化图，图 7-5 为不同下泄流量时，下游连接段航道最大流速沿程变化图。由图可见，在下游口门区、连接段范围内，随着枢纽来流量的增加，流速增大。同时，连接段横向流速随之增大，通航条件变差。通过模型观测：各个流量级下，无明显回流。

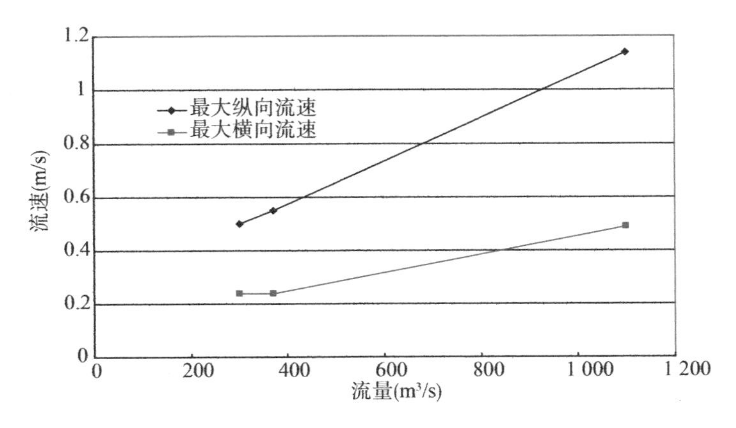

图 7-4　不同流量级下船闸下游引航道口门区最大流速变化图

由图 7-4、图 7-5 及附表 1 至附表 4 可见，当枢纽下泄流量为 300 m^3/s 时，下游引航道口门区范围内航道左侧靠近主流边缘流速稍大，航道中部及右侧流速较小，航槽内最大流速为 0.55 m/s，最大横向流速为 0.25 m/s，最大纵向流速为 0.50 m/s，均满足《标准》要求；而连接段航道范围内最大纵向流速为 0.52 m/s，小于 2.50 m/s 要求，最大横向流速为 0.27 m/s，小于 0.40 m/s，该流量下的水流条件满足通航要求。

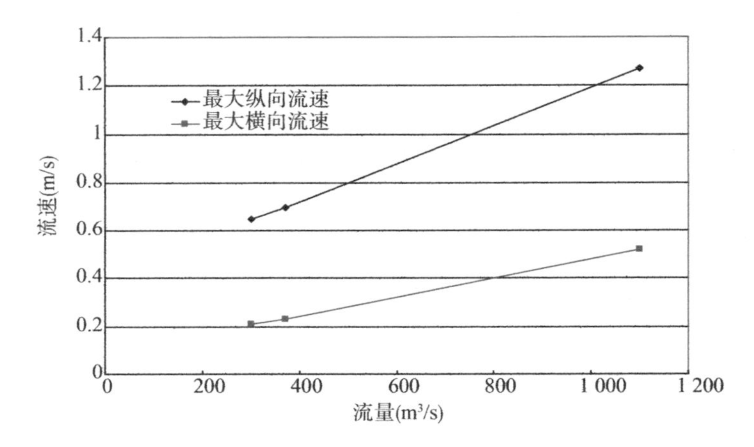

图 7-5　不同流量级下游连接段最大流速变化图

当枢纽下泄流量为 371 m^3/s 时，口门区最大纵向流速为 0.55 m/s，小于 2.0 m/s，最大横向流速为 0.27 m/s，小于 0.30 m/s；而该流量级下连接段航道，最大纵向流速为 0.81 m/s，小于 2.5 m/s 要求，最大横向流速为 0.25 m/s，小于 0.4 m/s，该流量下的水流条件满足通航要求。

当枢纽下泄流量为 1 100 m^3/s 时，口门区最大纵向流速为 1.01 m/s，小于 2.0 m/s，最大横向流速为 0.41 m/s，大于 0.3 m/s，横流有所超标，横流超标区域略超过一倍船长。连接段航道范围内最大纵向流速为 1.11 m/s，小于 2.5 m/s，最大横向流速为 0.42 m/s，略大于 0.40 m/s。由此可见，船舶在进出口门区及连接段航道时可能会存在一定的困难。

当考虑最不利情况（即马湾闸上水位为最低通航水位，枢纽下泄流量为 1 100 m^3/s）时，口门区最大纵向流速为 1.14 m/s，小于 2.0 m/s，最大横向流速 0.49 m/s，大于 0.30 m/s，横流有所超标，横流超标区域超过一倍船长。连接段航道范围内最大纵向流速 1.14 m/s，小于 2.5 m/s，最大横向流速 0.52 m/s，大于 0.40 m/s，横流范围较正常运行时有所增大。由此可见，当马湾闸上水位为最低通航水位运行时，会增加船舶进出下游引航道的难度。

由上述可见，当流量为 1 100 m^3/s 时，下游口门区及连接段有比较明显的横流，横流流速指标大于《标准》的规定要求。

(4) 沙河、北汝河汇流口段

当上游来流为 300 m^3/s 及 371 m^3/s 时，两河汇流口附近流速较小，流速大多在 0.30～0.60 m/s，流速分布较为均匀，无不良流速，有利于船舶行驶。

当上游来流为 1 100 m^3/s 时，不同的汇流比情况下两河汇流口附近流速变化较大，由于沙河主槽较窄，当上游来流集中在沙河河道时，汇流口及其上游河段流速较大。通过模型试验可知：当汇流比为 8∶2（沙河∶北汝河）时，汇流口上游 300 m 附近最大流速在 3.50 m/s 左右，当沙河主河道流量进一步增大时，该范围内流速亦会随之增大；当所有流量都集中在沙河河道时，该范围内最大流速超过 4.00 m/s，会对船舶正常航行产生非常不利的影响；而当来流集中在北汝河河道时，由于北汝河主河道较宽，汇流口附近河段流速均在 2 m/s 以下，对船舶进出北汝河比较有利。

总体来说，当流量为 1 100 m^3/s 时，上游口门区及下游口门区、连接段范围内横向流速超标，并且横流超标区域超过一倍船长，船舶操作起来非常困难。同时，当汇流比大于 8∶2（沙河∶北汝河）时，汇流口上游 300 m 附近最大流速超过 3.50 m/s，会对船舶正常航行产生不利影响。

7.3.4 船模航行试验

（1）船闸上游船模航行试验

①沙河段船模航行试验

设计方案下，船闸上游沙河段船模航行试验参数见附表 5。

当流量 $Q=300$ m^3/s，船模以 4.0 m/s 的航速（静水航速，下同）下行，航经 1# 弯道处时，船模在向左转向过程中，受弯道处斜流影响，船艉向右漂移，漂角最大时为 13.32°（漂角参数中，“+”表示右漂，“−”表示左漂，下同），船模最大需操 −13.55°舵角（舵角参数中，“+”表示右舵，“−”表示左舵，下同）才可通过 1# 弯道。船模行经两河汇流口处时，最大需操 18.57°舵角调整航态。船模进入口门区时，受该段航道内斜流影响，船模在航行过程中最大漂角为 −7.50°，最大需操 15.22°舵角进入引航道。船模以 4.0 m/s 航速上行时，最大操 −13.45°舵角便可通过引航道，进入口门区航道后，船模右漂，漂角最大为 7.22°，船模最大需操 −19.98°舵角完成转向。船模行至汇流口处时，受该处横流影响，船模最大漂角为 −9.05°，最大需操 −18.44°舵角调整航态。船模通过 1# 弯道段时，所需最大舵角为 24.25°，航行过程中，最大航行漂角为 −12.72°。

当流量 Q＝371 m^3/s，船模以 4.0 m/s 航速下行时，通过 1[#] 弯道处时，最大需操－19.87°舵角完成转向。过弯时，受斜流影响，船模最大漂角为 14.12°。通过 1[#] 弯道后，船模最大需操－15.09°舵角调整航态，经过两河汇流口处时，受斜流影响，船模最大漂角为－8.58°。当船模进入口门区时，在斜流作用下，船模在航行过程中最大漂角为－7.18°，最大需操 18.41°舵角才能通过。船模以 4.0m/s 航速上行时，最大操－11.75°舵角才可通过引航道，通过引航道后，船模最大需操－21.91°舵角进入口门区航道，受航道内斜流影响，船模向右漂移，漂角最大时为 8.55°，船模行至汇流口处时，受横流影响，船模最大漂角为－9.11°，航行过程中调整航态所需最大舵角为－15.09°。船模进入 1[#] 弯道段时，转向过程中所需最大舵角为 28.06°，在航行过程中，船模漂角最大为－12.43°。

当流量 Q＝1 100 m^3/s，在各组汇流比条件下进行船模航行试验。试验发现，在各种汇流比情况下，船模下行进入口门区航道后，由于该段航道内斜流较大，船模即使操右满舵也无法进入引航道内，且操满舵时，船艉受斜流作用，易使船体旋转，致使船艏撞向岸边发生事故。船模上行经过口门区航道时，受斜流影响，须长时间操左满舵才可使船模通过该段航道。船模进入 1[#] 弯道处时，当汇流比为 7∶3（沙河∶北汝河）时，由于该段航道内流速较大，船模以 5.0 m/s 航速上行时，最小对岸航速仅为 0.72 m/s。而当汇流比为 8∶2（沙河∶北汝河）时，船模即使以 5.0 m/s 航速上行仍无法通过该段航道。

②北汝河入汇段船模航行试验

设计方案下，船闸上游北汝河入汇段船模航行试验参数见附表 6。

当流量 Q=300 m^3/s，船模以 4.0 m/s 航速下行，航经汇流口处弯道时，船模在向左转向过程中，受弯道处斜流影响，船艉向右漂移，漂角最大时为 14.35°，船模最大需操－22.11°舵角才可通过弯道。通过弯道后，船模最大需操 26.33°舵角调整航态。船模进入口门区航道时，受该段航道内斜流影响，船模在航行过程中最大漂角为－8.39°，最大需操 16.20°舵角进入引航道。船模以 4.0 m/s 航速上行时，最大操－18.70°舵角通过引航道，进入口门区航道后，船模右漂，漂角最大为 7.74°，船模最大需操－21.90°舵角才能完成转向。船模行至汇流口处弯道时，船模最大需操 29.52°舵角完成转向，在转向过程中船模最大漂角为－12.62°。

当流量 Q=371 m^3/s，船模以 4.0m/s 航速下行，通过汇流口弯道处时，最大需操－32.46°舵角完成转向。过弯时，受斜流影响，船模最大漂角为 15.28°。通过弯道后，船模最大需操 28.53°舵角调整航态。当船模进入口门区时，在斜流作用下，船模在航行过程中最大漂角为－9.51°，最大需操 24.86°舵角进入引航道。船模以 4.0 m/s 航速上行时，最大操－16.27°舵角便可通过引航道，出引航道后，船模最大需操－17.96°舵角进入口门区航道，受航道内斜流影响，船模向右漂移，漂角最大时为 8.06°，船模行至汇流口处弯道时，受斜流影响，船模最大漂角为－14.07°，通过该弯道段时，转向过程中所需最大舵角为 28.68°。

当流量 Q=1 100 m^3/s，在各组汇流比条件下进行船模航行试验。在各种汇流比情况下，船模下行时均可以通过汇流口处弯道进入主航道内。但进入口门区航道时，由于航道内斜流较大，船模即使操右满舵也无法进入口门区航道；船模以5.0 m/s航速上行通过口门区时须操左满舵方可勉强通过，且在航行过程中，漂角最大为15.80°。当汇流比为0∶10（沙河∶北汝河）时，船模上行经过汇流口处弯道所需最大舵角为35.11°，在航行过程中，最大漂角为−13.31°。

(2) 船闸下游船模航行试验

设计方案下，船闸下游船模航行试验参数见附表7。

当流量$Q=300\ m^3/s$时，船模以3.5 m/s航速下行，最大需操−12.65°舵角便可通过引航道，进入口门区航道后，受口门区段航道内斜流影响，船模向右漂移，最大漂角为6.48°。船模抵御斜流所需最大舵角为−10.66°，进入连接段航道后，最大需操19.89°舵角调整航态。船模行至3#弯道时，最大需操−27.37°舵角向左转向，在转向过程中，船艉受斜流影响向右漂移，漂角最大为9.93°。船模通过3#弯道后，最大需操25.09°舵角调整航态。船模经过4#弯道时，需长时间操约35.79°舵角方可通过该段航道，在航行过程中，船模受航道内斜流影响，最大漂角为−14.78°。通过4#弯道后，船模最大需操−19.51°舵角调整航态进入下游航道。船模以4.0m/s航速上行，行至4#弯道处时，最大需操−35.03°舵角过弯，在航行过程中，受航道内斜流影响，船模经过该弯道段时最大漂角为11.93°。经过4#弯道段后，船模最大需操18.39°舵角调整航态，进入3#弯道段时，船模最大需操26.96°舵角向右转向，在航行过程中，船模最大漂角为−9.74°。当船模进入口门区段航道后，在航道内斜流作用下，船模向左漂移，最大漂角为−5.20°，船模通过口门区段航道所需最大舵角为−16.55°。

当流量 $Q=371\ m^3/s$，船模以 3.5 m/s 航速下行，最大需操－14.44°舵角便可通过引航道，进入口门区段航道后，受口门区段航道内斜流影响，船模向右漂移，最大漂角为 6.91°，最大需操 3.52°舵角便可通过口门区段航道。船模行至连接段航道时，最大需操－11.11°舵角调整航态。船模行至 3# 弯道时，最大需操－22.01°舵角向左转向，在转向过程中，船艉受斜流影响向右漂移，漂角最大为 11.14°。船模通过 3# 弯道后，最大需操－12.34°舵角调整航态。船模经过 4# 弯道时，需长时间操约 32.74°舵角方可通过该段航道，在航行过程中，船模受航道内斜流影响，最大漂角为－16.84°。通过 4# 弯道后，船模最大需操 12.70°舵角调整航态进入下游航道。船模以 4.0 m/s 航速上行，行至 4# 弯道处时，最大需操－34.55°舵角过弯，在航行过程中，受航道内斜流影响，船模经过该弯道段时最大漂角为 12.15°。经过 4# 弯道段后，船模最大需操 21.68°舵角调整航态，进入 3# 弯道段时，船模最大需操 26.58°舵角向右转向，在航行过程中，船模最大漂角为－12.42°。当船模进入口门区段航道后，在航道内斜流作用下，船模向左漂移，最大漂角为－7.49°，船模通过口门区段航道所需最大舵角为－15.15°。

当流量 $Q=1\ 100\ m^3/s$，尾门水位为 16.98 m 时（工况 3），船模以 3.5 m/s 航速下行，最大需操－15.37°舵角便可通过引航道，船模通过口门区段航道所需最大舵角为－18.55°，最大航行漂角为－5.94°。进入连接段航道后，受航道内斜流影响，船模向右漂移，漂角最大为 10.30°，抵御斜流所需最大舵角为－19.98°。船模继续下行至 3# 弯道段时，最大需操－25.67°舵角向左转向，在转向过程中，船艉受斜流影响向右漂移，漂角最大为13.22°。船模通过3#弯道后，最大需操25.32°舵角调整航态。船模经过4#弯道时，需长时间操约35.19°舵角方可通过该段航道，在航行过程中，船模受航道内斜流影响，最大漂角为－16.12°。通过4#弯道后，船模最大需操－28.31°舵角调整航态进入下游航道。船模以4.0 m/s航速上行，行至4#弯道处时，最大需操－35.76°舵角过弯，在航行过程中，受航道内斜流影响，船模经过该弯道段时最大漂角为12.61°。经过4#弯道段后，船模最大需操－22.35°舵角调整航态，进入3#弯道段时，船模最大需操25.45°舵角向右转向，在航行过程中，船模最大漂角为－11.80°。当船模进入连接段航道后，在航道内斜流作用下，船模向左漂移，最大漂角为－7.61°，船模抵御斜流影响所需最大舵角为－15.83°，船模通过口门区段航道所需最大舵角为－18.80°，最大漂角为4.69°。

当流量Q＝1 100 m^3/s，尾门水位为15.84 m时（工况4），船模以3.5 m/s航速下行，最大需操－13.90°舵角便可通过引航道，船模通过口门区段航道所需最大舵角为－15.87°，最大航行漂角为5.71°。进入连接段航道后，受航道内斜流影响，船模向右漂移，漂角最大为10.61°，抵御斜流所需最大舵角为－17.03°。船模继续下行至3#弯道段时，最大需操－28.49°舵角向左转向，在转向过程中，船艉受斜流影响向右漂移，漂角最大为13.02°。船模通过3#弯道后，最大需操－18.99°舵角调整航态。船模经过4#弯道时，需长时间操约35.46°舵角方可通过该段航道，在航行过程中，船模受航道内斜流影响，最大漂角为－18.93°。通过4#弯道后，船模最大需操－23.07°舵角调整航态进入下游航道。船模以4.0 m/s航速上行，行至 4# 弯道处时，最大需操 -35.05°舵角过弯，在航行过程中，受航道内斜流影响，船模经过该弯道段时最大漂角为 13.14°。经过 4# 弯道段后，船模最大需操 -19.53°舵角调整航态，进入 3# 弯道段时，船模最大需操 26.48°舵角向右转向，在航行过程中，船模最大漂角为 -11.52°。当船模进入连接段航道后，在航道内斜流作用下，船模向左漂移，最大漂角为 -8.66°，船模抵御斜流影响所需最大舵角为 19.51°，船模通过口门区段航道所需最大舵角为 16.70°，最大漂角为 6.69°。

7.3.5 小结

通过通航水流试验和船模试验得知：设计方案下，当流量 $Q \leqslant 371\ m^3/s$ 时，通航水流条件满足要求，船舶均能够顺利进出上下游引航道；当流量为 1 100 m^3/s 时，上游口门区及下游口门区、连接段附近横向流速超标，并且横流超标区域超过一倍船长，船舶操作起来非常困难。同时，当汇流比大于 2∶8（沙河∶北汝河）时，汇流口上游 300 m 附近最大流速超过 3.50 m/s，会对船舶正常航行产生不利的影响。设计方案存在的主要问题总结如下。

（1）上游口门区及连接段

上游口门区设计方案主要存在以下 3 个问题：

①上游引航道口门区直线段很短，代表船型船身较长，操作比较困难，因而会加大进出引航道难度。

②当流量为 1 100 m^3/s 时，上游口门区范围内有比较明显的横流，通航水流条件不是很好，横流流速指标大于《标准》的规定。

③当流量为 1 100 m^3/s 时，在各组汇流比条件下，连接段航道内水流条件差别不大，由于该段航道内斜流较大，下行船舶难以安全进入引航道，上行船舶航经该段航道时须操满舵方可进入主航道。

（2）下游口门区及连接段

下游口门区设计方案主要存在以下 4 个问题：

①下游连接段紧接 3# 弯道段，弯道曲率半径较小，而代表船型船身较长，操纵比较困难，因而会加大进出引航道难度。

②当流量为 1 100 m^3/s 时，下游口门区、连接段范围内有比较明显的横流，横流流速指标大于《标准》的规定。

③在最不利工况条件下（即流量为 1 100 m^3/s，马湾闸上水位为最低通航水位），下游连接段航道内斜流较大，船模在航行过程中，漂角较大。

④通过船模试验发现，船舶通过 3#、4# 弯道时，受航道内斜流影响，在航行过程中所操舵角较大，船舶航行过程中需谨慎操控。

（3）沙河、北汝河汇流口段

①当 $Q=1\ 100\ m^3/s$，汇流比为 7∶3（沙河∶北汝河）时，沿沙河航行的船舶上行至 1# 弯道处时，由于该处流速较大，最小对岸航速为 0.72 m/s，不能满足船舶自航上滩要求。当汇流比增加至 8∶2 时，船舶即使使用 5.0 m/s 航速也不可通过该段弯道。

②经北汝河航行的船舶，即使在最不利情况（沙河与北汝河汇流比为 0∶10）下，上、下行仍可经过汇流口段，但在航行过程中，漂角较大（最大为 15.09°），船舶在航行过程中须谨慎操控。

第8章 西陈枢纽优化方案试验研究

8.1 优化方案1

8.1.1 优化方案1研究思路及工程布置

针对设计方案试验中暴露的通航问题，优化方案1形成如下解决思路：

就上游引航道而言，解决上述问题的方法有两个：

（1）切除上游口门区连接段航道右侧岸线后方部分滩地，使其岸线后退，增加通航宽度。

（2）通过船模试验，选择适当的航线，减小不利水流条件对船舶航行的影响。

就下游引航道而言，其工程措施可以从以下两处着手：

（1）在引航道导堤前面布设斜向导流墩，改善口门区、连接段水流流态，减小口门区、连接段横流流速。

（2）通过船模试验，选择适当的航线，减小不利水流条件对船舶航行的影响。

同时，对于汇流口上游 300 m 附近流速过大的问题，采取切滩措施，增大过水面积，降低流速；对于下游弯道曲率较大的问题，采取拓宽航道，加大下游引航道弯曲半径的措施。

优化方案 1 具体工程布置为：①上游连接段右侧航道边线后移 15 m 宽度，拓宽航道底高程为 64.8 m；②在下游引航道导堤前面布设两个斜向导流墩，导流墩截面为边长 15 m、厚度为 5 m、顶面高程为 67.30 m、内角为 45°的平行四边形，导流墩间距为 10 m，首个导流墩距导堤堤头 50 m；③3# 弯道段左、右侧航道边线分别后移 15 m，拓宽航道底高程与该处原主航道底高程相同；④4# 弯道段左侧航道边线后移 20 m，拓宽航道底高程与该处原主航道底高程相同；⑤对汇流口上游弯道段左侧边滩进行切滩，切滩宽度最大为 60 m，切滩底高程与该处原主航道底高程相同，坡度与左侧边滩坡度相同。

优化方案 1 进行了最高通航流量（1 100 m^3/s）最不利工况（即工况 4）条件下的试验研究。

8.1.2　优化方案 1 船闸引航道、口门区及连接段通航水流条件试验研究

（1）引航道通航水流条件

在不同工况条件下，船闸引航道范围内水流流速几乎为零，即水流处于静水状态，能够满足船舶进出及停泊要求。

（2）上游口门区、连接段通航水流条件

附表 8 为马湾闸上水位为最低通航水位，Q＝1 100 m^3/s 流量条件下优化方案 1 引航道口门区、连接段流速成果表。由附表 8 可见，当上游来流为 1 100 m^3/s 时，口门区范围内航

道最大纵向流速为1.96 m/s，小于2.5 m/s的限制流速要求；最大横向流速为0.61 m/s，较设计方案有所减小，但仍大于0.3 m/s，横流超标区域超过一倍船长。连接段范围内最大纵向流速为1.99 m/s，最大横向流速为0.43 m/s，稍大于经验值0.4 m/s。

（3）下游口门区、连接段通航水流条件

在下游引航道导堤前面布设两个斜向导流墩后，下游口门区及连接段横流有明显改善。当马湾闸上水位为最低通航水位、枢纽下泄流量为1 100 m^3/s时，口门区最大纵向流速为1.00 m/s，小于2.00 m/s，最大横向流速−0.39 m/s，大于0.30 m/s，横流有所超标，但横流超标长度小于一倍船长。连接段航道范围内最大纵向流速为1.12 m/s，小于2.50 m/s，最大横向流速−0.38 m/s，小于0.40 m/s，满足通航要求。

（4）沙河、北汝河汇流口段

对两河汇流口上游进行切滩后，沙河主槽内流速有所降低，当汇流比为10∶0（沙河∶北汝河）时，汇流口上游300 m附近最大流速为3.32 m/s，流速过大问题较设计方案有较大改善。

8.1.3 船模航行试验

（1）船闸上游船模航行试验

优化方案1时，船闸上游船模航行试验参数见附表9。

当流量Q＝1 100 m^3/s，汇流比为8∶2（沙河∶北汝河）时，船模以4.5 m/s航速下行，航经1#弯道处时，船模在向左转向过程中，受弯道处斜流影响，船艉向右漂移，漂角最大时为12.96°，船模最大需操−23.44°舵角便可通过1#弯道。船模行经两河汇流口处时，最大需操25.31°舵角调整航态。船模进入口门区时，受该段航道内斜流影响，船模在航行过程中最大漂角为－13.42°，最大需要28.33°舵角方可进入引航道。船模以5.0 m/s航速上行时，最大操－15.49°舵角便可通过引航道，进入口门区航道后，受该段航道内斜流影响，船模向右漂移，漂角最大为12.78°，船模最大需操－30.10°舵角完成转向。船模行至汇流口处时，受该处横流影响，船模最大漂角为8.44°，最大需操－22.96°舵角调整航态。船模进入1#弯道段时，通过弯道所需最大舵角为25.95°，在航行过程中，最大航行漂角为－13.05°。

(2) 船闸下游船模航行试验

优化方案1时，船闸下游船模航行试验参数见附表10。

当流量Q=1 100 m^3/s，船模以3.5 m/s航速下行，最大需操－12.50°舵角便可通过引航道，船模通过口门区段航道所需最大舵角为－20.31°，最大航行漂角为5.50°。进入连接段航道后，受航道内斜流影响，船模向右漂移，漂角最大为8.56°，抵御斜流所需最大舵角为－15.39°。船模继续下行至3#弯道段时，最大需操－20.46°舵角向左转向，在转向过程中，船艉受斜流影响向右漂移，漂角最大为12.59°。船模通过3#弯道后，最大需操－15.05°舵角调整航态。船模经过4#弯道时，需长时间操约35.43°舵角方可通过该段航道，在航行过程中，船模受航道内斜流影响，最大漂角为－16.63°。通过4#弯道后，船模最大需操－21.54°舵角调整航态进入下游航道。船模以4.0 m/s航速上行，行至4#弯道处时，最大需操－34.90°舵角过弯，在航行过程中，受航道内斜流影响，船模经过该弯道段时最大漂角为10.65°。经过4#弯道段后，船模最大需操 21.14°舵角调整航态，进入 3# 弯道段时，船模最大需操 28.70°舵角向右转向，在航行过程中，船模最大漂角为 −12.16°。当船模进入连接段航道后，在航道内斜流作用下，船模向左漂移，最大漂角为 −7.38°，船模抵御斜流影响所需最大舵角为 −20.93°，船模通过口门区段航道所需最大舵角为 10.36°，最大漂角为 −4.42°。

船模航行试验结果表明，优化方案 1 实施后，虽然船闸上游口门区、连接段航道内水流条件有所改善，但在最高通航流量（Q=1 100 m^3/s）条件下，下行船舶通过该段航道时，仍需较大舵角方可勉强进入引航道内，航行漂角大，不能满足船舶安全航行要求，存在安全隐患。船闸下游，船模能顺利通过口门进入下引航道或由下引航道通过口门区、连接段航道顺利进入主航道。

8.1.4 小结

通过通航水流试验及船模航行试验可知，在最高通航流量下，上游口门区最大横向流速为 0.61 m/s，较设计方案有所减小，但仍大于 0.3 m/s，横流超标区域超过一倍船长。连接段范围内最大纵向流速为 1.99 m/s，最大横向流速为 0.43 m/s，稍大于经验值 0.4 m/s。下行船舶通过该段航道时，仍需较大舵角方可勉强进入引航道内，航行漂角大，不能满足船舶安全航行要求，存在安全隐患。下游口门区、连接段通航水流满足要求，船模能顺利通过口门进入下引航道或由下引航道通过口门区、连接段航道顺利进入主航道。

8.2　优化方案 2

8.2.1　优化方案 2 工程布置

针对优化方案 1 存在的船模进出上引航道比较困难的问题，优化方案 2 在优化方案 1 的基础上，采用上游连接段航道右侧边线继续后移，后移宽度为 30 m，进一步改善上游连接段的通航条件，其他工程布置与优化方案 1 采取相同的措施。

优化方案 2 具体工程布置为：①上游连接段右侧航道边线后移 30 m 宽度，拓宽航道底高程为 64.8 m；②在下游引航道导堤前面布设两个斜向导流墩，导流墩截面为边长 15 m、厚度为 5 m、顶面高程为 67.30 m、内角为 45°的平行四边形，导流墩间距为 10 m，首个导流墩距导堤堤头 50 m；③3# 弯道段左、右侧航道边线分别后移 15 m，拓宽航道底高程与该处原主航道底高程相同；④4# 弯道段左侧航道边线后移 20 m，拓宽航道底高程与该处原主航道底高程相同；⑤对汇流口上游弯道段左侧边滩进行切滩，切滩宽度最大为 60 m，切滩底高程与该处原主航道底高程相同，坡度与左侧边滩坡度相同。

8.2.2　泄流能力研究

优化方案 2 进行了 3 500 m^3/s 流量的泄流能力试验研究。

表 8-1 为优化方案 2 水闸泄流能力试验成果表，其结果与设计方案试验结果相同，说明优化方案 2 对泄流能力没有不利影响。

表 8-1　优化方案 2 水闸泄流能力试验成果表

工况序号	结构布置方案	水闸下泄流量 (m^3/s)	上游水位（m）左 1 水尺	下游水位（m）左 3 水尺
1	12 m×10 孔 闸槛 60.0 m 高程	3 500	74.09	73.90

8.2.3　优化方案 2 船闸引航道、口门区及连接段通航水流条件试验研究

优化方案 2 进行了三个流量级下的通航水流条件试验研究，具体工况见表 7-3。

（1）引航道通航水流条件

在不同工况条件下，船闸引航道范围内水流流速几乎为零，即水流处于静水状态，适合船舶通过及停泊。

（2）上游口门区、连接段通航水流条件

附表 11 至附表 14 分别为优化方案 2 不同流量（工况）条件下引航道口门区、连接段流速成果表。流量较小（如 300 m^3/s、371 m^3/s）条件下，船闸上游河段流速均较小，口门区范围内最大纵向流速为 0.64 m/s，最大横向流速为 0.33 m/s，稍大于 0.3 m/s，但横流超标区域小于一倍船长。连接段范围内最大纵向流速 0.58 m/s，最大横向流速为 0.09 m/s，满足通航要求。

随着来流量的增大，连接段范围内水动力不断增强，横流逐渐增大，对船舶顺利进出上引航道产生不利影响。口门区范围内航道最大纵向流速 1.90 m/s，小于 2.5 m/s 的限制流速要求；最大横向流速为 0.56 m/s，较设计方案有所减小，但仍大于 0.3 m/s，横流超标区域超过一倍船长。连接段范围内

最大纵向流速 1.90 m/s，最大横向流速为 0.39 m/s。

由上述可见，当流量为 1 100 m^3/s 时，上游口门区航道横流虽然较优化方案 1 有所减弱，仍存在比较明显的横流，但航行宽度明显增加，航行条件有所改善。

(3) 下游口门区通航水流条件

下游口门区通航水流条件变化规律与优化方案 1 相同。

由附表 11 可见，当上游来流为 300 m^3/s 时，下游口门区范围内最大横向流速为 0.22 m/s，最大纵向流速为 0.45 m/s，均满足《标准》要求；而连接段航道范围内最大纵向流速为 0.53 m/s，小于 2.5 m/s 要求，最大横向流速为 0.22 m/s，小于 0.4 m/s，该流量下的水流条件满足通航要求。

由附表 12 可见，当上游来流为 371 m^3/s 时，下游口门区最大纵向流速为 0.53 m/s，小于 2.0 m/s，最大横向流速为 0.22 m/s，小于 0.3 m/s；而该流量级下连接段航道，最大纵向流速为 0.65 m/s，小于 2.5 m/s 要求，最大横向流速为 0.21 m/s，小于 0.4 m/s，该流量下的水流条件满足通航要求。

由附表 14 可见，当马湾闸上水位为最低通航水位、枢纽下泄流量为 1 100 m^3/s 时，下游口门区最大纵向流速为 1.00 m/s，小于 2.0 m/s，最大横向流速为 0.39 m/s，大于 0.3 m/s，横流有所超标，但横流超标长度小于一倍船长。连接段航道范围内最大纵向流速为 1.12 m/s，小于 2.5 m/s，最大横向流速为 0.38 m/s，小于 0.4 m/s，满足通航要求。

优化方案 2 实施后，下游口门区及连接段航道水流条件较工程前有比较明显的改善，除个别点外，水流指标满足《标准》规定。

（4）沙河、北汝河汇流口段

两河汇流口的优化方案 2 与优化方案 1 相同，故工程前后流速变化规律与优化方案 1 一致。两河汇流口上游进行切滩后，沙河主槽内流速有所降低，当汇流比为 10：0（沙河：北汝河）时，汇流口上游 300 m 附近最大流速为 3.32 m/s，流速过大问题得到较大改善。

8.2.4 船模航行试验

1）船闸上游船模航行试验

（1）沙河段船模航行试验

优化方案 2 时，船闸上游沙河段船模航行试验参数见附表 15。

当流量 $Q=300\ m^3/s$，船模以 4.0 m/s 航速下行，航经 1# 弯道处时，船模在向左转向过程中，受弯道处斜流影响，船艉向右漂移，漂角最大时为 12.25°，船模最大需操 −17.63° 舵角便可通过 1# 弯道。船模行经两河汇流口处时，最大需操 11.03°舵角调整航态。船模进入口门区时，受该段航道内斜流影响，船模航行过程中最大漂角为 −6.85°，最大需操 16.55° 舵角进入引航道。船模以 4.0 m/s 航速上行时，最大需操 −16.68°舵角便可通过引航道，进入口门区航道后，船模右漂，漂角最大为 7.39°，船模最大需操 −16.56°舵角完成转向。船模行至汇流口处时，受该处横流影响，船模最大漂角为 −9.16°，最大需操 −20.25°舵角调整航态。船模通过 1# 弯道段时，所需最大舵角为 24.09°，在航行过程中，最大航行漂角为 −12.45°。

当流量 $Q=371\ m^3/s$，船模以 4.0 m/s 航速下行，通过

1# 弯道处时，最大需操－23.31°舵角完成转向。过弯时，受斜流影响，船模最大漂角为10.79°。通过1# 弯道后，船模最大需操11.45°舵角调整航态，经过两河汇流口处时，受斜流影响，船模最大漂角为－8.17°。当船模进入口门区时，在斜流作用下，船模航行过程中最大漂角为－7.64°，最大需操22.68°舵角通过口门区航道。船模以4.0 m/s航速上行时，最大需操－14.94°舵角便可通过引航道，通过引航道后，船模最大需操－16.14°舵角进入口门区航道，受航道内斜流影响，船模向右漂移，漂角最大时为8.01°，船模行至汇流口处时，受横流影响，船模最大漂角为－8.64°，在航行过程中，调整航态所需最大舵角为－13.31°。船模进入1# 弯道段时，转向过程中所需最大舵角为26.51°，在航行过程中，船模漂角最大为－12.30°。

当流量 $Q=1\ 100\ m^3/s$，汇流比为8：2（沙河：北汝河）时，船模以4.5 m/s航速下行，航经1# 弯道处时，船模在向左转向过程中，受弯道处斜流影响，船艉向右漂移，漂角最大时为12.90°，船模最大需操－22.48°舵角便可通过1# 弯道。船模行经两河汇流口处时，最大需操26.70°舵角调整航态。船模进入口门区时，受该段航道内斜流影响，船模航行过程中最大漂角为－6.96°，最大需操18.71°舵角进入引航道。船模以5.0 m/s航速上行时，最大需操－14.21°舵角便可通过引航道，进入口门区航道后，船模最大需操－25.43°舵角完成转向，在航行过程中，船模最大漂角为9.54°。船模行至汇流口处时，受该处横流影响，船模最大漂角为9.47°，最大需操－20.38°舵角调整航态。船模进入1# 弯道段时，通过弯道所需最大舵角为22.26°，航行过程中最大航行漂角为－13.16°。

当流量 Q=1 100 m^3/s，汇流比为 10：0（沙河：北汝河），船模以 4.5 m/s 航速下行，通过 1# 弯道处时，最大需操−17.79°舵角完成转向。过弯时，受斜流影响，船模最大漂角为 15.00°。通过 1# 弯道后，船模最大需操 29.48°舵角调整航态，经过两河汇流口处时，受斜流影响，船模最大漂角为−7.67°。当船模进入口门区时，在斜流作用下，船模航行过程中最大漂角为−7.33°，最大需操 22.70°舵角通过口门区航道。船模以 5.0 m/s 航速上行时，最大需操−18.89°舵角便可通过引航道，进入口门区航道后，船模最大需操−17.68°舵角完成转向，在航行过程中，船模最大漂角为−8.28°。船模行至汇流口处时，受该处横流影响，船模最大漂角为 13.50°，最大需操 27.41°舵角调整航态。船模进入 1# 弯道段时，通过弯道所需最大舵角为 27.91°，航行过程中最大航行漂角为−14.54°，船模通过 1# 弯道段时，航速较慢，航速最低时为 0.92 m/s。

（2）北汝河入汇段船模航行试验

优化方案 2 时，船闸上游北汝河入汇段船模航行试验参数见附表 16。

当流量 Q=300 m^3/s，船模以 4.0 m/s 航速下行，航经汇流口处弯道时，船模在向左转向过程中，受弯道处斜流影响，船艉向右漂移，漂角最大时为 13.26°，船模最大需操−24.71°舵角通过弯道。通过弯道后，船模最大需操−11.91°舵角调整航态。船模进入口门区航道时，受该段航道内斜流影响，船模航行过程中最大漂角为−5.74°，最大需操 17.77°舵角进入引航道。船模以 4.0 m/s 航速上行时，最大需操−16.17°舵角通过引航道，进入口门区航道后，船模右漂，漂角最大为 7.45°，船模最大需操−17.81°舵角完成转向。船模行至汇流口处弯道时，船模最大需操 35.68°舵角完成转向，转向过程中船模最大漂角为−11.45°。

当流量 Q=371 m^3/s，船模以 4.0 m/s 航速下行，通过汇流口弯道处时，最大需操−22.72°舵角完成转向。过弯时，受斜流影响，船模最大漂角为 13.71°。通过弯道后，船模最大需操−15.44°舵角调整航态。当船模进入口门区时，在斜流作用下，船模航行过程中最大漂角为−5.59°，最大需操 20.26°舵角进入引航道。船模以 4.0 m/s 航速上行时，最大需操−14.01°舵角便可通过引航道，出引航道后，船模最大需操−16.52°舵角进入口门区航道，受航道内斜流影响，船模向右漂移，漂角最大时为 7.66°，船模行至汇流口处弯道时，受斜流影响，船模最大漂角为−12.93°，通过该弯道段时，转向过程中所需最大舵角为 29.19°。

当流量 Q=1 100 m^3/s，汇流比为 0∶10（沙河∶北汝河）时，船模以 4.5 m/s 航速下行，通过汇流口弯道处时，最大需操−27.51°舵角完成转向。过弯时，受斜流影响，船模最大漂角为 14.67°。通过弯道后，船模最大需操 26.14°舵角调整航态。当船模进入口门区时，在斜流作用下，船模航行过程中最大漂角为−6.24°，最大需操 16.58°舵角进入引航道。船模以 5.0 m/s 航速上行时，最大需操−21.03°舵角便可通过引航道，出引航道后，船模最大需操−22.49°舵角进入口门区航道，受航道内斜流影响，船模向右漂移，漂角最大时为 9.75°，船模行至汇流口处弯道时，受斜流影响，船模最大漂角为−13.27°，通过该弯道段时，转向过程中所需最大舵角为 32.30°。

船闸上游船模航行试验结果表明：

（1）在各流量条件下，船舶均能够通过口门区、连接段航道进出引航道，航行条件能够满足船舶安全航行要求。

（2）1[#]弯道内工程实施后，该段弯道内流速有所减小。但船舶行经该段弯道时，转向过程中所需舵角以及航行漂角较大，且当流量为 1 100 m^3/s、汇流比为 10∶0（沙河∶北汝河），船舶上行经该弯道时，对岸航速最小可达 0.92 m/s。船舶行经该段航道时，需谨慎操控。

（3）经北汝河航行的船舶，经过汇流口处弯道时，由于该弯道弯曲半径小，航行过程中所需舵角较大，须谨慎操控。

2）船闸下游船模航行试验

优化方案 2 时，船闸下游船模航行试验参数见附表 17。

当流量 Q=300 m^3/s，船模以 3.5 m/s 航速下行，最大需操−16.92°舵角便可通过引航道，进入口门区段航道后，受口门区段航道内斜流影响，船模向右漂移，最大漂角为 5.95°，船模抵御斜流所需最大舵角为−15.92°。进入连接段航道后，最大需操 15.29°舵角调整航态。船模行至 3[#]弯道时，最大需操−24.63°舵角向左转向，在转向过程中，船艉受斜流影响向右漂移，漂角最大为 9.45°。船模通过 3[#]弯道后，最大需操 18.65°舵角调整航态。船模经过 4[#]弯道时，需长时间操约 35.39°舵角方可通过该段航道，航行过程中，船模受航道内斜流影响，最大漂角为−13.38°。通过 4[#]弯道后，船模最大需操 24.51°舵角调整航态进入下游航道。船模以 4.0m/s 航速上行，行至 4[#]弯道处时，最大需操−35.65°舵角过弯，在航行过程中，受航道内斜流影响，船模经过该弯道段时最大漂角为 11.44°。经过 4[#]弯道段后，船模最大需操 22.07°舵角调整航态，进入 3[#]弯道段时，船模最大需操 20.52°舵角向右转向，航行过程中船模最大漂角为－8.54°。当船模进入口门区段航道后，在航道内斜流作用下，船模向左漂移，最大漂角为－6.14°，船模通过口门区段航道所需最大舵角为－19.59°。

当流量 Q＝371 m^3/s，船模以 3.5 m/s 航速下行，最大需操－11.07°舵角便可通过引航道，进入口门区段航道后，受口门区段航道内斜流影响，船模向右漂移，最大漂角为 6.45°，最大需操－18.35°舵角便可通过口门区段航道。船模行至连接段航道时，最大需操 15.52°舵角调整航态。船模行至 3# 弯道时，最大需操－23.32°舵角向左转向，在转向过程中，船艉受斜流影响向右漂移，漂角最大为 11.90°。船模通过 3# 弯道后，最大需操 20.59°舵角调整航态。船模经过 4# 弯道时，需长时间操约 34.99°舵角方可通过该段航道，在航行过程中，船模受航道内斜流影响，最大漂角为－15.63°。通过 4# 弯道后，船模最大需操－19.70°舵角调整航态进入下游航道。船模以 4.0 m/s 航速上行，行至 4# 弯道处时，最大需操－35.64°舵角过弯，在航行过程中，受航道内斜流影响，船模经过该弯道段时最大漂角为 12.15°。经过 4# 弯道段后，船模最大需操 17.18°舵角调整航态，进入 3# 弯道段时，船模最大需操 27.21°舵角向右转向，在航行过程中，船模最大漂角为－11.58°。当船模进入口门区段航道后，在航道内斜流作用下，船模向左漂移，最大漂角为－6.16°，船模通过口门区段航道所需最大舵角为 16.53°。

当流量 Q＝1 100 m^3/s，尾门水位为 16.98 m（工况 3）时，船模以 3.5 m/s 航速下行，最大需操－16.42°舵角便可通过引航道，船模通过口门区段航道所需最大舵角为－17.63°，最大航行漂角为 6.70°。进入连接段航道后，受航道内斜流影响，船模向右漂移，漂角最大为7.34°，抵御斜流所需最大舵角为－18.98°。船模继续下行至3#弯道段时，最大需操－19.52°舵角向左转向，在转向过程中，船艉受斜流影响向右漂移，漂角最大为12.68°。当船模经过4#弯道时，需长时间操约36.13°舵角方可通过该段航道，在航行过程中，船模受航道内斜流影响，最大漂角为－16.13°。通过4#弯道后，船模最大需操－26.59°舵角调整航态进入下游航道。船模以4.0 m/s航速上行，行至4#弯道处时，最大需操－35.23°舵角过弯，在航行过程中，受航道内斜流影响，船模经过该弯道段时最大漂角为11.06°。经过4#弯道段后，船模最大需操29.50°舵角调整航态，进入3#弯道段时，船模最大需操28.63°舵角向右转向，在航行过程中，船模最大漂角为－10.94°。当船模进入连接段航道后，在航道内斜流作用下，船模向左漂移，最大漂角为－8.21°，船模抵御斜流影响所需最大舵角为－18.99°，船模通过口门区段航道所需最大舵角为－12.98°，最大漂角为3.08°。

当流量 Q＝1 100 m^3/s，尾门水位为15.84 m（工况4）时，船模以3.5m/s航速下行，最大需操－12.50°舵角便可通过引航道，船模通过口门区段航道所需最大舵角为－20.31°，最大航行漂角为5.50°。进入连接段航道后，受航道内斜流影响，船模向右漂移，漂角最大为8.56°，抵御斜流所需最大舵角为－15.39°。船模继续下行至3#弯道段时，最大需操－20.46°舵角向左转向，在转向过程中，船艉受斜流影响向右漂移，漂角最大为12.59°。船模通过3#弯道后，最大需操－15.05°舵角调整航态。船模经过4#弯道时，需长时间操约35.43°舵角方可通过该段航道，在航行过程中，船模受航道内斜流影响，最大漂角为－16.63°。通过 4# 弯道后，船模最大需操－21.54°舵角调整航态进入下游航道。船模以 4.0 m/s 航速上行，行至 4# 弯道处时，最大需操－34.90°舵角过弯，在航行过程中，受航道内斜流影响，船模经过该弯道段时最大漂角为 10.65°。经过 4# 弯道段后，船模最大需操 21.14°舵角调整航态，进入 3# 弯道段时，船模最大需操 28.70°舵角向右转向，在航行过程中，船模最大漂角为－12.16°。当船模进入连接段航道后，在航道内斜流作用下，船模向左漂移，最大漂角为－7.38°，船模抵御斜流影响所需最大舵角为－20.93°，船模通过口门区段航道所需最大舵角为 10.36°，最大漂角为－4.42°。

根据船模试验情况，对原设计航线进行了适当调整，调整范围主要位于上游口门区及连接段范围内，航槽中线及航道右边线进行了适当右移，其中航槽中线最大右移宽度为 17 m，并将调整后的航线作为推荐航线。

8.2.5　小结

通过通航水流试验和船模试验，可知：

(1) 上游口门区及连接段

优化方案 2 条件下，当流量为 300 m^3/s 及 371 m^3/s 时，上游口门区、连接段航道通航水流条件满足规范要求，设计船队能够顺利进出上引航道；当流量为 1 100 m^3/s 时，上游口门区范围内航道最大纵向流速 1.90 m/s，小于 2.5 m/s 的限制流速要求；最大横向流速为 0.56 m/s，超过《标准》规定，但工程建设后航行宽度明显增加，航行条件有所改善，船模能顺利通过口门进入引航道或由引航道通过口门区、连接段航道顺利进入主航道。

（2）下游口门区及连接段

优化方案 2 实施后，当流量为 300 m^3/s 及 371 m^3/s 时，下游口门区、连接段航道通航水流条件满足规范要求；当马湾闸上水位为最低通航水位、枢纽下泄流量为 1 100 m^3/s 时，下游口门区最大纵向流速 1.00 m/s，小于 2 m/s，最大横向流速 0.39 m/s，大于 0.3 m/s，横流超标，但横流超标长度小于一倍船长。连接段航道范围内最大纵向流速 1.12 m/s，小于 2.5 m/s，最大横向流速 0.38 m/s，小于 0.4 m/s，满足通航要求。船模能顺利通过口门进入引航道或由引航道通过口门区、连接段航道顺利进入主航道。

（3）沙河、北汝河汇流口段

优化方案 2 实施后，沙河 1# 弯道附近主槽内流速有所降低，当汇流比为 10 ∶ 0（沙河 ∶ 北汝河）时，汇流口上游 300 m 附近最大流速为 3.32 m/s，流速过大问题得到较大改善，船舶可通过该弯道，但船舶行经该段弯道时，转向过程中所需舵角以及航行漂角较大，须谨慎操控。经北汝河航行的船舶，经过汇流口处弯道时，由于该弯道弯曲半径小，航行过程中所需舵角较大，须谨慎操控。

通过通航水流试验及船模试验研究可知，无论是从通航水流条件还是船模航行情况来讲，优化方案 2 都要优于优化方案 1。因此，将优化方案 2 作为推荐方案。

8.2.6 必要航行管制措施

推荐方案实施后，虽然通航水流条件有较大改善，船舶能够较为顺利地进出船闸引航道，但同时应该引起注意的是，研究河段弯道较多，船舶通过弯道段需要操较大的舵角才能顺利通过。所以，即便采取了一系列的工程措施，船舶经过弯道时需挂高船位，加大舵角，避免斜流冲击。

通过船模试验可知，当流量为 1 100 m^3/s，船舶经过上游口门区、连接段时，由于横流较大，如进行双向通航，会存在一定的风险，建议在该段谨慎操控。同时，在 $1^{\#}$ 弯道及 $3^{\#}$ 弯道段，由于其弯曲半径较小，为保证船队航行安全，需采取必要的航行管制措施，即实行船舶单向通航，不进行双向均为航行状态下的会船操作。

第9章 结论及建议

9.1 结论

采用定床水工模型和遥控自航船模航行试验相结合的研究手段，对西陈枢纽口门区的通航水流条件进行研究。研究采用的技术路线是：在对水工模型进行验证试验和船模率定试验的基础上，开展了现状条件下的通航水流条件试验，加深了对口门区河段通航水流特性的认识；继而进行了设计方案试验研究，针对设计方案存在的问题，进行方案优化试验，得出最终推荐方案。主要研究结论如下：

（1）西陈枢纽所在河段上下游河道蜿蜒曲折，枯水主槽由连续的四个弯道组成，其中拟建西陈枢纽位于2#和3#弯道间相对顺直的河段内。西陈枢纽所在断面为复式断面，河槽呈U形，主槽及边滩由粉质沙壤土组成，主槽两岸边滩滩坡土质较差，抗冲性能较弱。

（2）本研究采用物理模型与自航船模试验相结合的方法，研究枢纽泄流、上下游通航水流条件及改善措施。物模和船模均设计为几何正态，比尺为 1∶100。物模经过三级流量下水位验证，表明模型的阻力与原体基本相似，验证精度符合有关规程的要求。船模经相似性检验，符合模拟试验要求。

(3) 通过对研究河段的碍航特性分析及天然水流特性试验研究，认为：研究河段具有典型冲积性河流比降特征，比降较小，各级流量下比降均小于 1‰，且沿程变化平缓。一般情况下，河道流速均小于 3.0 m/s，比较有利于船舶通航。

(4) 设计方案通航水流条件及船模试验表明：整体泄流能力能够满足设计要求；当流量为 300 m^3/s 及 371 m^3/s 时，上游口门区连接段及下游口门区连接段航道水流条件满足通航要求，船舶能够顺利进出船闸引航道；当流量为 1 100 m^3/s 时，上游口门区及下游口门区、连接段附近横向流速超标，并且横流超标区域超过一倍船长，船舶操作起来非常困难，同时当汇流比大于 8∶2（沙河∶北汝河）时，汇流口上游 300 m 附近最大流速超过 3.50 m/s，会对船舶正常航行产生不利的影响。

(5) 优化方案 1 通航水流条件及船模试验表明：在最高通航流量下，虽然上游口门区横向流速有所减小，航道宽度有所增加，但仍存在船模通过口门区进入上游引航道或由引航道通过口门区、连接段航道进入主航道比较困难的问题；下游口门区及连接段航道通航水流条件和船模航行条件基本满足通航要求。

(6) 优化方案 2 试验表明：研究河段通航水流条件和船模航行条件较优化方案 1 有进一步改善。在 4 个工况下，船模均能顺利通过口门进入引航道或由引航道通过口门区、连接段航道顺利进入主航道。因此，将优化方案 2 作为推荐方案。

9.2 建议

（1）研究航道内弯道较多，且弯道弯曲半径小，弯道内流速较大，船舶在航经弯道过程中漂角较大，所需舵角也较大，建议船舶通过弯道时谨慎操控，并且在弯道附近设立警示标志。

（2）当流量为 1 100 m^3/s，船舶经过上游口门区、连接段时，由于横流较大，如进行双向通航，会存在一定的风险，建议在该段谨慎操控。同时，在 1# 弯道及 3# 弯道段，由于其弯曲半径较小，为保证船队航行安全，需采取必要的航行管制措施，即实行船舶单向通航，不进行双向均为航行状态下的会船操作。当船闸建成后，建议有关管理部门结合船舶实际航行情况，制定切实可行的船舶航行调度方案。

参考文献

[1] 陈如伟．西江航运干线桂平航运枢纽二线船闸工程预可行性研究报告［R］．南宁：广西壮族自治区交通规划勘察设计研究院，2005.

[2] 郝品正，李一兵．湘江大源渡航运枢纽通航条件试验研究（工可、初设阶段）［R］．天津：交通运输部天津水运工程科学研究院，1993.

[3] 李一兵．船闸引航道口门外连接段航道通航水流条件专题研究报告［R］．天津：交通运输部天津水运工程科学研究院，2003.

[4] 李一兵，王育林．三峡工程船闸引航道口门区水流条件标准试验研究报告［R］．天津：交通运输部天津水运工程科学研究院，1990.

[5] 李一兵．葛洲坝枢纽大江船闸下游航道长江委整治“W”方案船模航行试验研究［R］．天津：交通运输部天津水运工程科学研究院，1999.

[6] 李一兵．株洲航电枢纽船闸上、下游引航道口门区及连接段船模航行试验研究［R］．天津：交通运输部天津水运

工程科学研究院，2001.

[7] 李一兵．松花江大顶子航电枢纽船闸上、下游引航道口门区及连接段船模航行试验研究［R］．天津：交通运输部水运工程科学研究院，2004.

附表

附表 1　设计方案引航道口门区、连接段流速成果表(Q=300 m^3/s)

位置	距堤头(m)	左 25 m				航槽中线				右 25 m			
		V(m/s)	V_x(m/s)	V_y(m/s)	θ(°)	V(m/s)	V_x(m/s)	V_y(m/s)	θ(°)	V(m/s)	V_x(m/s)	V_y(m/s)	θ(°)
上游	420	0.52	−0.02	0.52	−1.75	0.42	−0.05	0.42	−6.28	0.23	0.03	0.23	7.67
	300	0.55	0.05	0.55	5.29	0.50	0.02	0.50	2.44	0.61	0.07	0.60	6.79
	200	0.61	0.20	0.57	19.01	0.57	0.22	0.52	23.09	0.59	0.16	0.57	15.84
	100	0.58	0.33	0.47	35.15	0.75	0.34	0.66	27.35	0.48	−0.02	0.48	−1.81
	0	0.27	0.20	0.17	50.38	0	0	0	0	0	0	0	0
下游	0	0.08	−0.08	0	86.62	0.09	0.02	0.09	14.11	0.07	−0.02	0.07	−17.02
	100	0.25	−0.07	0.24	−15.43	0.12	0.12	−0.02	−79.93	0.12	0.02	−0.11	−12.16
	200	0.55	−0.24	0.50	−25.63	0.31	−0.12	0.29	−22.67	0.08	−0.04	−0.08	24.82
	300	0.47	−0.25	0.39	−32.91	0.50	−0.22	0.45	−25.61	0.36	−0.18	0.31	−30.49
	400	0.50	−0.21	0.46	−25.07	0.65	−0.21	0.43	−21.90	0.55	−0.22	0.51	−23.26
	500	0.53	−0.15	0.51	−15.79	0.54	−0.12	0.52	13.18	0.51	−0.07	0.50	−7.67
	590	0.47	−0.12	0.45	−14.97	0.58	−0.27	0.51	−27.45	0.49	−0.14	0.47	−17.15
备注	水流偏角纵向流速 V_y 向下游为“+”，向上游为“−”；横向流速 V_x 向左为“+”，向右为“−”												

附表 2　设计方案引航道口门区、连接段流速成果表($Q=371\ m^3/s$)

位置	距堤头(m)	左 25 m				航槽中线				右 25 m			
		V(m/s)	V_x(m/s)	V_y(m/s)	θ(°)	V(m/s)	V_x(m/s)	V_y(m/s)	θ(°)	V(m/s)	V_x(m/s)	V_y(m/s)	θ(°)
上游	420	0.47	−0.18	0.44	−22.72	0.37	0	0.37	−0.03	0.22	−0.08	0.21	−21.15
	300	0.38	0.01	0.38	1.48	0.45	−0.04	0.45	−4.71	0.56	0.09	0.55	9.55
	200	0.61	0.15	0.59	14.27	0.47	0.06	0.47	7.17	0.70	0.21	0.67	17.15
	100	0.62	0.17	0.59	16.08	0.47	0.06	0.47	7.38	0.26	0.05	0.25	12.08
	0	0.47	0.35	−0.31	−48.05	0.10	−0.01	−0.10	5.32	0.09	0.02	−0.09	−14.97
下游	0	0.21	0.16	−0.13	−49.71	0.02	0.01	−0.01	−45.54	0.02	0	−0.02	13.49
	100	0.36	−0.21	0.30	−34.40	0.01	0.01	0.01	54.16	0.04	−0.03	0.02	−52.31
	200	0.53	−0.24	0.47	−26.68	0.42	−0.27	0.32	−40.53	0.03	0.01	0.03	14.41
	300	0.58	−0.17	0.55	−16.78	0.47	−0.21	0.42	−26.78	0.44	−0.25	0.37	−33.95
	400	0.59	−0.20	0.55	−19.65	0.70	−0.23	0.66	−18.94	0.62	−0.09	0.62	−8.40
	500	0.40	−0.17	0.36	−25.34	0.54	−0.06	0.53	−6.39	0.83	−0.19	0.81	−13.05
	590	0.50	−0.14	0.48	−16.55	0.75	−0.20	0.72	−15.35	0.57	−0.17	0.55	−16.98
备注	水流偏角纵向流速 V_y 向下游为“+”，向上游为“−”；横向流速 V_x 向左为“+”，向右为“−”												

附表 3　设计方案引航道口门区、连接段流速成果表(Q=1 100 m^3/s)

位置	距堤头(m)	左 25 m				航槽中线				右 25 m			
		V(m/s)	V_x(m/s)	V_y(m/s)	θ(°)	V(m/s)	V_x(m/s)	V_y(m/s)	θ(°)	V(m/s)	V_x(m/s)	V_y(m/s)	θ(°)
上游	420	0.70	0.06	0.70	4.54	1.60	0.19	1.59	6.88	1.83	0.14	1.82	4.53
	300	0.97	−0.05	0.97	−2.74	1.55	0.27	1.52	10.14	2.04	0.44	1.99	12.45
	200	1.31	0.14	1.30	6.15	1.86	0.47	1.80	14.71	2.04	0.38	2.00	10.80
	100	1.98	0.66	1.87	23.28	1.77	0.67	1.63	22.30	0.76	0.27	0.71	20.55
	0	0.57	0.43	0.38	49.10	0.03	0.01	0.03	22.59	0.09	0.07	−0.05	−55.67
下游	0	0.06	0.02	0.06	14.38	0.13	0.04	−0.13	−16.20	0.06	0.05	0.03	57.49
	100	0.69	−0.27	0.63	−23.50	0.02	0.02	0.01	67.58	0.09	0.09	0	89.97
	200	1.11	−0.41	1.01	−25.12	0.49	−0.28	0.40	−34.39	0.07	−0.07	−0.01	83.90
	300	1.05	−0.38	0.98	−21.09	1.04	−0.31	1.01	−24.43	0.23	0.22	0.04	79.87
	400	1.13	−0.42	1.05	−21.81	1.03	−0.38	0.95	−21.50	0.93	−0.33	0.87	−20.91
	500	1.12	−0.17	1.11	−8.77	1.10	−0.27	1.01	−25.06	1.02	0.06	1.01	2.92
	590	0.93	−0.22	0.91	−13.62	1.04	−0.11	1.03	−6.11	1.02	−0.17	1.00	−9.60
备注	水流偏角纵向流速 V_y 向下游为“+”,向上游为“−”;横向流速 V_x 向左为“+”,向右为“−”												

附表 4　设计方案引航道口门区、连接段流速成果表(Q=1 100 m^3/s,马湾闸上水位为最低通航水位)

位置	距堤头(m)	左 25 m				航槽中线				右 25 m			
		V(m/s)	V_x(m/s)	V_y(m/s)	θ(°)	V(m/s)	V_x(m/s)	V_y(m/s)	θ(°)	V(m/s)	V_x(m/s)	V_y(m/s)	θ(°)
上游	420	0.70	0.06	0.70	4.54	1.60	0.19	1.59	6.88	1.83	0.14	1.82	4.53
	300	0.97	−0.05	0.97	−2.74	1.55	0.27	1.52	10.14	2.04	0.44	1.99	12.45
	200	1.31	0.14	1.30	6.15	1.86	0.47	1.80	14.71	2.04	0.38	2.00	10.80
	100	1.98	0.66	1.87	23.28	1.77	0.67	1.63	22.30	0.76	0.27	0.71	20.55
	0	0.57	0.43	0.38	49.10	0.03	0.01	0.03	22.59	0.09	0.07	−0.05	−55.67
下游	0	0.06	−0.01	−0.06	13.76	0.16	−0.01	0.15	−4.70	0.07	−0.02	0.07	−12.81
	100	0.74	−0.28	0.65	−24.55	0.37	−0.09	−0.36	13.97	0.09	0.08	0.04	66.29
	200	1.12	−0.49	0.96	−24.13	0.49	−0.28	0.40	−34.39	0.12	−0.03	−0.12	13.53
	300	1.20	−0.38	1.14	−18.49	0.90	−0.25	0.86	−16.34	0.42	−0.11	0.40	−14.90
	400	1.22	−0.52	1.10	−25.17	1.12	−0.34	1.07	−17.70	0.89	−0.41	0.79	−27.53
	500	1.14	−0.43	1.06	−22.13	1.15	−0.27	1.12	−13.39	1.05	−0.19	1.04	−10.15
	590	0.97	−0.14	0.96	−8.15	1.11	−0.25	1.06	−11.74	1.07	−0.19	1.05	−10.46
备注	水流偏角纵向流速 V_y 向下游为“+”,向上游为“−”;横向流速 V_x 向左为“+”,向右为“−”												

附表 5　设计方案船闸上游沙河段船模航行试验参数表

流量(m^3/s)	航向	静水航速(m/s)	航行参数	航段位置(m)												
				−200~−100	−100~0	0~100	100~200	200~400	400~600	600~800	800~1 000	1 000~1 200	1 200~1 400	1 400~1 600	1 600~1 800	1 800~2 000
300	下行	4.0	舵 角(°)	12.93	14.83	−18.33	−14.79	15.22	11.92	18.03	18.57	−14.80	14.68	−13.55	−12.48	−10.19
			漂 角(°)	3.99	5.56	−6.12	−7.13	−5.14	−7.50	−5.62	5.90	−7.15	10.13	10.83	13.32	9.50
			对岸航速(m/s)	2.53	2.80	2.97	3.08	3.17	3.34	3.39	3.48	3.14	2.75	2.82	2.65	2.62
	上行	4.0	舵 角(°)	−9.35	−13.45	−16.92	−16.95	−19.98	−6.17	23.09	−18.44	−18.01	16.26	24.24	24.25	18.66
			漂 角(°)	−2.79	−5.79	−4.96	−6.56	7.22	5.97	−6.63	−9.05	−9.22	−11.61	−12.71	−12.72	−8.00
			对岸航速(m/s)	2.39	2.62	2.59	2.88	2.79	3.33	2.94	2.88	2.78	2.94	2.60	2.45	2.55
371	下行	4.0	舵 角(°)	−10.63	15.19	−9.78	−10.56	10.38	18.41	25.95	−8.58	−8.58	−15.09	−19.87	−19.35	−21.23
			漂 角(°)	−4.86	4.37	3.07	−5.10	−7.18	−6.82	−7.30	7.23	5.13	7.06	12.52	14.12	9.78
			对岸航速(m/s)	2.36	2.47	2.66	2.93	3.11	3.28	3.44	3.52	3.15	2.91	2.80	2.49	2.27
	上行	4.0	舵 角(°)	−8.71	−11.75	−15.70	−21.11	−21.91	−14.37	−9.25	−15.09	−13.86	25.96	28.06	24.87	26.59
			漂 角(°)	−3.31	−5.23	−5.76	7.02	8.55	6.20	−6.76	−8.13	−9.11	−12.43	−11.88	−10.34	−5.94
			对岸航速(m/s)	2.73	2.53	2.39	2.64	2.77	2.96	2.62	2.40	2.41	2.51	2.43	2.34	2.36

续表

流量 (m^3/s)	航向	静水航速 (m/s)	航行参数	航段位置(m)												
				−200～−100	−100～0	0～100	100～200	200～400	400～600	600～800	800～1 000	1 000～1 200	1 200～1 400	1 400～1 600	1 600～1 800	1 800～2 000
1 100 ($Q_{沙河}$: $Q_{北汝河}$ =7 : 3)	下行	4.5	舵 角(°)			−35.67	−35.67	38.21	34.04	−17.36	−21.62	34.17	27.08	−29.65	−26.32	−16.28
			漂 角(°)			−42.30	−24.60	−20.43	−9.81	−5.41	−7.22	−5.30	12.07	13.08	14.67	13.96
			对岸航速(m/s)			1.83	3.44	3.97	3.94	4.34	4.41	4.27	4.19	4.01	3.34	2.95
	上行	5.0	舵 角(°)	6.18	−17.51	15.64	−35.64	−35.64	17.18	−25.07	−28.38	−35.72	−36.15	37.11	34.64	22.88
			漂 角(°)	2.97	−6.34	−5.25	−8.75	16.44	9.38	−8.58	−10.23	−9.15	−6.58	−15.04	−9.12	−8.65
			对岸航速(m/s)	2.10	2.24	2.49	2.80	2.24	2.48	2.52	2.20	1.73	1.20	0.72	0.97	2.29
1 100 ($Q_{沙河}$: $Q_{北汝河}$ =8 : 2)	下行	4.5	舵 角(°)			−35.85	−35.85	37.60	28.76	−30.70	−31.66	36.70	36.70	−25.34	−25.05	−35.15
			漂 角(°)			−33.04	−18.69	−13.99	−10.70	−7.34	−6.00	7.36	10.43	13.76	14.78	14.32
			对岸航速(m/s)			1.77	4.73	4.53	4.80	5.13	5.93	5.48	4.87	4.59	3.91	3.07
	上行	5.0	舵 角(°)	13.55	−17.93	−35.07	−35.07	−35.07	−27.57	−27.51	−35.44	−35.88	−35.07	−35.13		
			漂 角(°)	−7.62	−6.12	6.72	9.54	16.36	7.53	−7.11	−13.34	−15.29	−19.14	−14.54		
			对岸航速(m/s)	1.59	2.01	2.08	2.23	1.45	1.50	1.65	1.05	0.75	0.23	0.00		

注：1. “航段位置”距离均为到船闸下游口门距离；
2. 航行参数值中舵角、漂角均为区段内最大值，对岸航速取区段内最小值；
3. 舵角参数中“＋”表示右舵，“－”表示左舵；漂角参数中“＋”表示右漂，“－”表示左漂。

附表 6　设计方案船闸上游北汝河入汇段船模航行试验参数表

流量 (m^3/s)	航向	静水航速 (m/s)	航行参数	航段位置(m)										
				−200~−100	−100~0	0~100	100~200	200~400	400~600	600~800	800~1 000	1 000~1 200	1 200~1 400	1 400~1 600
300	下行	4.0	舵 角(°)	−13.34	−7.93	−16.32	−16.32	16.20	25.43	26.33	−19.91	−20.85	−21.11	−22.11
			漂 角(°)	5.42	7.38	5.75	−7.04	−8.39	−7.30	10.76	13.07	14.35	12.83	7.51
			对岸航速(m/s)	2.17	2.35	2.43	3.36	2.87	3.02	2.78	3.03	2.08	2.29	2.52
	上行	4.0	舵 角(°)	−11.07	−18.70	−20.41	−21.90	−20.42	24.67	16.87	19.21	29.52	34.16	26.38
			漂 角(°)	−4.42	2.43	−7.96	−6.75	7.74	−5.42	−8.50	−11.82	−12.62	−11.24	−6.05
			对岸航速(m/s)	2.22	2.17	2.18	2.60	2.46	2.62	2.72	2.83	2.89	2.62	2.60
371	下行	4.0	舵 角(°)	−15.45	18.28	−16.24	−14.96	24.86	26.59	28.53	−32.46	−28.84	−15.40	−21.24
			漂 角(°)	−6.08	5.49	−4.28	−6.58	−9.51	−4.58	7.87	13.00	13.31	15.28	8.90
			对岸航速(m/s)	2.00	2.02	2.14	3.08	2.72	2.88	2.72	2.80	2.17	2.40	2.68
	上行	4.0	舵 角(°)	−9.57	−16.27	−15.72	−15.84	−17.96	11.78	25.33	26.86	27.24	28.68	29.08
			漂 角(°)	4.29	−3.97	−4.78	5.46	8.06	−6.72	−6.90	−11.31	−14.07	−13.50	−6.19
			对岸航速(m/s)	2.39	2.46	2.28	2.29	2.16	2.61	2.34	2.17	2.16	2.12	2.18

续表

流量 (m^3/s)	航向	静水航速 (m/s)	航行参数	航段位置(m)										
				−200 ~ −100	−100 ~ 0	0 ~ 100	100 ~ 200	200 ~ 400	400 ~ 600	600 ~ 800	800 ~ 1 000	1 000 ~ 1 200	1 200 ~ 1 400	1 400 ~ 1 600
1 100 ($Q_{沙河}$: $Q_{北汝河}$ =0 : 10)	下行	4.5	舵 角(°)				−31.17	35.72	35.54	35.53	−10.98	−32.45	−25.53	−18.57
			漂 角(°)				−42.93	−17.33	−5.12	7.22	15.09	12.97	14.20	6.90
			对岸航速(m/s)				2.11	3.78	3.97	4.08	4.01	3.25	3.30	3.56
	上行	5.0	舵 角(°)	−10.95	−18.94	−26.23	−35.32	−35.32	14.86	−14.18	26.98	35.11	34.78	25.10
			漂 角(°)	−5.35	3.08	−6.32	11.70	15.80	6.39	−3.97	−13.31	−13.03	−12.07	−7.55
			对岸航速(m/s)	2.13	2.22	2.35	2.67	2.16	2.65	2.31	2.16	1.92	2.42	2.28

附表 7　设计方案船闸下游船模航行试验参数表

流量(m^3/s)	航向	静水航速(m/s)	航行参数	航段位置(m)												
				−100~0	0~100	100~200	200~500	500~800	800~1 100	1 100~1 400	1 400~1 700	1 700~2 000	2 000~2 300	2 300~2 600	2 600~2 900	2 900~3 200
300	下行	3.5	舵角(°)	−12.65	5.43	−10.66	19.89	−25.35	−27.37	−22.74	25.09	30.73	35.79	35.27	35.79	−19.51
			漂角(°)	−3.75	5.40	6.48	8.87	−7.25	9.93	8.04	6.70	−12.34	−14.78	−11.33	−7.62	6.41
			对岸航速(m/s)	2.98	3.04	2.93	3.42	3.45	3.51	3.52	3.78	4.06	3.07	2.88	3.04	3.40
	上行	4.0	舵角(°)	11.15	14.91	−16.55	−15.92	12.69	26.96	23.51	21.46	18.39	−35.03	−32.42	−28.24	18.28
			漂角(°)	−6.73	5.19	−5.20	−6.22	4.80	−9.74	−8.43	−7.17	6.99	11.93	10.27	6.78	−4.94
			对岸航速(m/s)	2.96	3.07	2.92	2.98	2.64	2.44	2.38	2.58	3.06	2.34	2.20	2.50	2.65
371	下行	3.5	舵角(°)	−14.44	3.35	3.52	3.52	−11.11	−16.00	−22.01	−12.34	25.14	32.74	32.12	23.56	12.70
			漂角(°)	4.06	6.91	−5.65	7.29	8.81	11.14	9.57	6.48	−13.28	−16.84	−8.91	−4.94	−6.74
			对岸航速(m/s)	2.34	2.40	2.57	3.06	3.36	2.92	2.98	2.90	3.19	2.96	3.00	2.96	3.19
	上行	4.0	舵角(°)	−12.02	16.06	−15.15	−14.33	7.23	26.58	20.34	21.68	−21.45	−29.90	−34.71	−34.55	−13.78
			漂角(°)	−5.82	4.28	−4.31	−7.49	7.71	−12.42	−8.04	−5.67	5.56	12.15	10.13	9.34	6.47
			对岸航速(m/s)	2.69	2.80	2.66	2.49	2.20	2.10	2.01	2.12	2.05	1.91	1.90	2.05	2.10

续表

流量(m³/s)	航向	静水航速(m/s)	航行参数	航段位置(m)												
				−100～0	0～100	100～200	200～500	500～800	800～1 100	1 100～1 400	1 400～1 700	1 700～2 000	2 000～2 300	2 300～2 600	2 600～2 900	2 900～3 200
1 100(尾门水位16.98 m)	下行	3.5	舵 角(°)	−15.37	−15.64	−18.55	−19.98	−16.43	−25.67	−23.86	25.32	28.20	34.08	35.19	17.98	−28.31
			漂 角(°)	3.98	−5.94	−4.86	8.34	10.30	8.09	13.22	11.37	−14.37	−16.12	−11.41	−8.50	−6.33
			对岸航速(m/s)	2.39	2.62	2.55	2.90	3.35	3.35	3.66	3.63	3.72	3.76	3.92	4.11	4.10
	上行	4.0	舵 角(°)	2.80	−9.78	−18.80	−15.60	−15.83	22.57	25.45	−22.35	−34.66	−35.76	−35.71	−24.02	−22.87
			漂 角(°)	−2.81	4.38	4.69	−7.61	−6.31	−9.22	−11.80	−8.49	12.61	11.76	8.99	−6.52	6.49
			对岸航速(m/s)	2.91	2.87	2.68	2.52	2.23	2.18	2.18	2.27	2.20	2.03	2.03	1.91	1.65
1 100(尾门水位15.84 m)	下行	3.5	舵 角(°)	−13.90	−13.90	−15.87	−17.03	18.86	−28.49	−18.99	32.09	35.22	35.46	35.45	−23.07	−20.89
			漂 角(°)	−6.76	4.76	5.71	10.61	13.02	12.64	11.45	7.67	−12.01	−18.93	−16.35	−9.08	−5.68
			对岸航速(m/s)	2.51	2.57	2.69	2.87	3.44	3.47	3.68	3.57	3.67	3.41	3.37	3.51	3.87
	上行	4.0	舵 角(°)	−13.87	16.70	−19.51	−14.14	14.12	17.36	26.48	−19.53	35.05	35.05	−34.60	−34.50	−19.16
			漂 角(°)	−4.42	5.07	2.46	−6.69	−8.66	−11.52	−10.95	−8.58	−12.68	13.14	9.38	−6.52	−7.20
			对岸航速(m/s)	2.88	3.03	3.06	2.46	2.07	2.00	1.98	2.09	2.34	1.85	1.67	1.53	1.49

附表 8　优化方案 1 引航道口门区、连接段流速成果表(Q=1 100 m^3/s，马湾闸上水位为最低通航水位)

位置	距堤头(m)	左 25 m				航槽中线				右 25 m			
		V(m/s)	V_x(m/s)	V_y(m/s)	θ(°)	V(m/s)	V_x(m/s)	V_y(m/s)	θ(°)	V(m/s)	V_x(m/s)	V_y(m/s)	θ(°)
上游	420	0.69	0.06	0.69	4.54	1.59	0.19	1.58	6.88	1.82	0.14	1.81	4.53
	300	0.96	−0.05	0.96	−2.74	1.54	0.26	1.52	10.14	2.03	0.43	1.99	12.45
	200	1.30	0.14	1.29	6.15	1.85	0.46	1.80	14.71	1.99	0.37	1.96	10.80
	100	1.96	0.56	1.86	23.16	1.76	0.61	1.65	20.29	0.75	0.26	0.71	20.55
	0	0.56	0.42	0.38	49.10	0.03	0.01	0.03	22.59	0.08	0.06	−0.05	−55.67
下游	0	0	0	0	0	0	0	0	0	0.02	0	0.02	15.37
	100	0.14	0.10	0.09	49.77	0.19	0.19	0.01	85.59	0.08	0.05	0.07	34.33
	200	1.10	−0.39	1.00	−26.69	0.48	−0.11	0.42	−21.08	0.09	−0.08	−0.05	60.54
	300	1.04	−0.29	1.00	−23.31	0.86	−0.26	0.79	−27.02	0.41	−0.10	0.40	−14.90
	400	1.13	−0.38	1.06	−23.18	1.05	−0.33	0.98	−25.28	0.86	−0.38	0.77	−27.53
	500	1.08	−0.17	1.02	−11.34	1.13	−0.21	1.12	−15.46	1.03	−0.19	1.02	−10.15
	590	0.96	−0.18	0.91	−9.71	1.02	−0.25	0.99	−14.10	0.95	−0.19	0.90	−17.46
备注	水流偏角纵向流速 V_y 向下游为“+”，向上游为“−”；横向流速 V_x 向左为“+”，向右为“−”												

附表 9　优化方案 1 船闸上游船模航行试验参数表

流量(m^3/s)	航向	静水航速(m/s)	航行参数	航段位置(m)												
				−200~−100	−100~0	0~100	100~200	200~400	400~600	600~800	800~1 000	1 000~1 200	1 200~1 400	1 400~1 600	1 600~1 800	1 800~2 000
1 100 ($Q_{沙河}$: $Q_{北汝河}$ =8 : 2)	下行	4.5	舵 角(°)	−17.53	−18.63	−21.18	28.33	22.79	−17.06	16.02	10.96	−18.63	25.31	−23.44	−17.04	−15.67
			漂 角(°)	8.12	9.16	−12.79	−13.42	−10.86	−7.80	−8.08	−6.19	−5.86	9.79	10.58	12.96	10.71
			对岸航速(m/s)	2.70	3.30	4.18	5.53	4.93	4.60	4.63	4.88	4.50	4.24	4.17	3.53	3.28
	上行	5.0	舵 角(°)	−13.51	−15.49	−24.61	−30.10	−30.10	−15.75	−17.57	18.41	−22.96	−21.83	20.32	25.95	13.54
			漂 角(°)	−4.79	−5.23	7.59	10.59	12.78	11.33	8.33	−7.90	8.44	−12.30	−13.05	−8.76	−4.22
			对岸航速(m/s)	2.09	2.25	2.55	2.91	3.11	3.27	2.87	2.74	2.56	2.30	1.88	2.20	2.67

附表 10　优化方案 1 船闸下游船模航行试验参数表

流量 (m^3/s)	航向	静水航速 (m/s)	航行参数	航段位置(m)												
				−100～0	0～100	100～200	200～500	500～800	800～1 100	1 100～1 400	1 400～1 700	1 700～2 000	2 000～2 300	2 300～2 600	2 600～2 900	2 900～3 200
300	下行	3.5	舵 角(°)	−16.92	−15.92	7.44	15.29	−12.20	−22.99	−24.63	−15.55	18.65	35.39	35.25	24.51	6.32
			漂 角(°)	−4.87	5.95	5.08	−6.26	7.17	8.14	9.45	7.04	−6.64	−11.752	−13.38	−8.33	−5.25
			对岸航速(m/s)	2.78	3.01	3.06	3.49	3.56	3.29	3.66	3.79	4.07	3.67	3.46	3.35	3.52
	上行	4.0	舵 角(°)	15.53	12.48	−19.59	−18.62	−13.32	20.52	19.31	18.94	22.07	−35.65	−35.65	−31.16	−18.53
			漂 角(°)	−5.95	−3.31	−6.14	7.39	−7.82	−8.54	−8.25	−5.01	6.05	10.01	11.44	8.81	−4.81
			对岸航速(m/s)	2.91	3.03	2.92	2.91	2.65	2.50	2.51	2.58	2.46	2.26	2.08	2.39	2.51
371	下行	3.5	舵 角(°)	−11.07	−18.35	14.23	15.52	−21.67	−23.32	−22.78	−22.75	20.59	34.99	34.93	−19.42	−19.70
			漂 角(°)	−4.71	6.45	5.39	−8.45	−7.37	7.67	11.90	9.14	−11.47	−15.63	−12.97	−8.69	−7.33
			对岸航速(m/s)	2.73	3.03	3.00	3.49	3.68	3.61	3.62	3.93	4.40	3.80	3.77	3.71	3.63
	上行	4.0	舵 角(°)	−16.75	13.25	16.53	−17.24	9.63	19.52	27.21	22.40	17.18	−35.64	−35.60	−30.72	−10.31
			漂 角(°)	−5.33	−6.16	−6.08	−5.10	−5.83	−7.45	−11.58	−6.05	−7.64	12.15	11.99	7.55	−6.70
			对岸航速(m/s)	2.68	2.76	2.83	2.72	2.45	2.37	2.32	2.38	2.18	2.12	1.96	2.44	2.47

续表

流量(m^3/s)	航向	静水航速(m/s)	航行参数	航段位置(m)												
				−100~0	0~100	100~200	200~500	500~800	800~1 100	1 100~1 400	1 400~1 700	1 700~2 000	2 000~2 300	2 300~2 600	2 600~2 900	2 900~3 200
1 100(尾门水位15.84 m)	下行	3.5	舵 角(°)	−12.50	−20.31	−11.25	−15.39	−18.13	−20.46	−17.15	−15.05	30.79	35.43	35.39	28.73	−21.54
			漂 角(°)	−3.95	4.07	5.50	7.86	8.56	12.59	10.43	8.71	−9.07	−16.63	−12.65	−8.73	7.36
			对岸航速(m/s)	3.42	3.70	3.83	4.25	4.70	4.83	5.04	4.74	4.62	4.45	4.57	4.63	4.72
	上行	4.0	舵 角(°)	−13.63	10.36	−20.93	−20.51	−19.37	18.01	28.70	26.30	21.14	−34.19	−34.90	−34.85	−23.47
			漂 角(°)	−5.52	−4.42	7.29	5.97	−7.38	−12.16	−11.31	−8.27	7.99	10.65	8.33	−9.57	−7.44
			对岸航速(m/s)	3.26	3.15	3.10	3.06	3.06	2.92	2.80	2.66	2.59	2.50	2.30	2.33	2.55

附表 11　优化方案 2 引航道口门区、连接段流速成果表(Q=300 m^3/s)

位置	距堤头(m)	左 25 m				航槽中线				右 25 m			
		V(m/s)	V_x(m/s)	V_y(m/s)	θ(°)	V(m/s)	V_x(m/s)	V_y(m/s)	θ(°)	V(m/s)	V_x(m/s)	V_y(m/s)	θ(°)
上游	420	0.50	−0.02	0.50	−1.75	0.40	−0.05	0.40	−6.28	0.21	0.03	0.20	7.67
	300	0.53	0.05	0.53	5.29	0.48	0.02	0.48	2.44	0.59	0.07	0.58	6.79
	200	0.60	0.20	0.55	19.01	0.55	0.20	0.52	23.09	0.58	0.16	0.56	15.84
	100	0.55	0.30	0.46	35.15	0.71	0.30	0.63	27.35	0.47	−0.02	0.47	−1.81
	0	0.25	0.18	0.16	50.38	0	0	0	0	0	0	0	0
下游	0	0.02	−0.01	−0.02	23.89	0.05	−0.01	−0.05	15.25	0.02	−0.01	0.02	−28.89
	100	0.06	−0.04	−0.04	46.05	0.08	0.02	−0.08	−11.81	0.01	0	0.01	13.47
	200	0.46	−0.17	0.43	−21.53	0.24	−0.10	0.19	−36.53	0.18	−0.13	0.13	−45.90
	300	0.47	−0.13	0.45	−16.43	0.45	−0.22	0.40	−31.54	0.17	0	0.17	−1.35
	400	0.47	−0.20	0.42	−25.56	0.48	−0.20	0.43	−25.18	0.40	−0.10	0.38	−14.55
	500	0.51	−0.16	0.48	−23.86	0.54	−0.12	0.52	−13.18	0.55	−0.22	0.51	−23.26
	590	0.42	−0.01	0.42	−1.13	0.49	−0.08	0.48	−9.97	0.55	−0.15	0.53	−15.76
备注	水流偏角纵向流速 V_y 向下游为“+”,向上游为“−”;横向流速 V_x 向左为“+”,向右为“−”												

附表 12 优化方案 2 引航道口门区、连接段流速成果表($Q=371\ m^3/s$)

位置	距堤头(m)	左 25 m				航槽中线				右 25 m			
		V(m/s)	V_x(m/s)	V_y(m/s)	θ(°)	V(m/s)	V_x(m/s)	V_y(m/s)	θ(°)	V(m/s)	V_x(m/s)	V_y(m/s)	θ(°)
上游	420	0.45	−0.08	0.44	−10.25	0.36	0	0.36	0	0.21	−0.08	0.19	−22.40
	300	0.36	0.01	0.36	1.59	0.43	−0.04	0.43	−5.34	0.53	0.09	0.52	9.78
	200	0.59	0.15	0.57	14.74	0.45	0.06	0.45	7.67	0.67	0.21	0.64	18.28
	100	0.60	0.17	0.58	16.47	0.45	0.06	0.45	7.67	0.25	0.05	0.24	11.54
	0	0.45	0.33	0.31	47.19	0.10	−0.01	0.10	−5.74	0.08	0.02	0.08	14.48
下游	0	0.12	−0.11	−0.07	57.56	0.14	−0.03	−0.13	13.00	0.07	−0.06	0.02	−18.40
	100	0	0	0	0	0.02	0.02	0.01	63.47	0.15	0.09	0.11	39.31
	200	0.57	−0.22	0.53	−22.55	0.38	−0.14	0.36	−21.26	0.03	0.01	0.03	18.44
	300	0.37	−0.20	0.31	−32.85	0.52	−0.14	0.50	−15.65	0.36	−0.09	0.35	−14.43
	400	0.50	−0.18	0.47	−20.97	0.64	−0.21	0.60	−19.30	0.50	−0.20	0.46	−23.51
	500	0.63	−0.18	0.61	−16.45	0.55	−0.17	0.52	−18.11	0.66	−0.10	0.65	−8.75
	590	0.39	−0.04	0.39	−5.86	0.55	−0.13	0.54	−13.54	0.41	−0.10	0.39	−14.39
备注	水流偏角纵向流速 V_y 向下游为“+”,向上游为“−”;横向流速 V_x 向左为“+”,向右为“−”												

附表 13　优化方案 2 引航道口门区、连接段流速成果表(Q=1 100 m^3/s)

位置	距堤头(m)	左 25 m				航槽中线				右 25 m			
		V(m/s)	V_x(m/s)	V_y(m/s)	θ(°)	V(m/s)	V_x(m/s)	V_y(m/s)	θ(°)	V(m/s)	V_x(m/s)	V_y(m/s)	θ(°)
上游	420	0.67	0.05	0.67	4.28	1.57	0.18	1.56	6.59	1.81	0.13	1.81	4.12
	300	0.93	−0.04	0.93	−2.47	1.52	0.25	1.50	9.47	1.94	0.39	1.90	11.60
	200	1.28	0.13	1.27	5.83	1.84	0.45	1.78	14.16	1.94	0.37	1.90	11.00
	100	1.89	0.51	1.82	15.66	1.75	0.56	1.66	18.67	0.74	0.26	0.69	20.58
	0	0.55	0.41	0.37	48.22	0.03	0.01	0.03	19.48	0.07	0.06	−0.04	−56.34
下游	0	0	0	0	0	0	0	0	0	0.02	0	0.02	15.37
	100	0.14	0.10	0.09	49.77	0.19	0.19	0.01	85.59	0.08	0.05	0.07	34.33
	200	1.10	−0.39	1.00	−26.69	0.48	−0.11	0.42	−21.08	0.09	−0.08	−0.05	60.54
	300	1.04	−0.29	1.00	−23.31	0.86	−0.26	0.79	−27.02	0.41	−0.10	0.40	−14.90
	400	1.13	−0.38	1.06	−23.18	1.05	−0.33	0.98	−25.28	0.86	−0.38	0.77	−27.53
	500	1.08	−0.17	1.02	−11.34	1.13	−0.21	1.12	−15.46	1.03	−0.19	1.02	−10.15
	590	0.96	−0.18	0.91	−9.71	1.02	−0.25	0.99	−14.10	0.95	−0.19	0.90	−17.46
备注	水流偏角纵向流速 V_y 向下游为“+”,向上游为“−”;横向流速 V_x 向左为“+”,向右为“−”												

附表 14　优化方案 2 引航道口门区、连接段流速成果表(Q=1 100 m^3/s,马湾闸上水位为最低通航水位)

位置	距堤头(m)	左 25 m				航槽中线				右 25 m			
		V(m/s)	V_x(m/s)	V_y(m/s)	θ(°)	V(m/s)	V_x(m/s)	V_y(m/s)	θ(°)	V(m/s)	V_x(m/s)	V_y(m/s)	θ(°)
上游	420	0.67	0.05	0.67	4.28	1.57	0.18	1.56	6.59	1.81	0.13	1.81	4.12
	300	0.93	−0.04	0.93	−2.47	1.52	0.25	1.50	9.47	1.94	0.39	1.90	11.60
	200	1.28	0.13	1.27	5.83	1.84	0.45	1.78	14.16	1.94	0.37	1.90	11.00
	100	1.89	0.51	1.82	15.66	1.75	0.56	1.66	18.67	0.74	0.26	0.69	20.58
	0	0.55	0.41	0.37	48.22	0.03	0.01	0.03	19.48	0.07	0.06	−0.04	−56.34
下游	0	0	0	0	0	0	0	0	0	0.02	0	0.02	15.37
	100	0.14	0.10	0.09	49.77	0.19	0.19	0.01	85.59	0.08	0.05	0.07	34.33
	200	1.10	−0.39	1.00	−26.69	0.48	−0.11	0.42	−21.08	0.09	−0.08	−0.05	60.54
	300	1.04	−0.29	1.00	−23.31	0.86	−0.26	0.79	−27.02	0.41	−0.10	0.40	−14.90
	400	1.13	−0.38	1.06	−23.18	1.05	−0.33	0.98	−25.28	0.86	−0.38	0.77	−27.53
	500	1.08	−0.17	1.02	−11.34	1.13	−0.21	1.12	−15.46	1.03	−0.19	1.02	−10.15
	590	0.96	−0.18	0.91	−9.71	1.02	−0.25	0.99	−14.10	0.95	−0.19	0.90	−17.46
备注	水流偏角纵向流速 V_y 向下游为“+”,向上游为“−”;横向流速 V_x 向左为“+”,向右为“−”												

附表 15　优化方案 2 船闸上游沙河段船模航行试验参数表

流量 (m^3/s)	航向	静水航速 (m/s)	航行参数	航段位置(m)												
				−200～−100	−100～0	0～100	100～200	200～400	400～600	600～800	800～1 000	1 000～1 200	1 200～1 400	1 400～1 600	1 600～1 800	1 800～2 000
300	下行	4.0	舵 角(°)	−6.38	−15.52	16.65	16.55	20.48	15.99	14.42	12.21	−15.44	11.03	−16.00	−17.63	−13.77
			漂 角(°)	−3.58	−7.02	−5.80	4.72	−6.85	−7.71	5.78	−8.96	−8.95	6.44	7.52	8.54	12.25
			对岸航速(m/s)	2.45	2.89	3.33	3.49	3.72	3.89	3.79	3.63	3.39	3.09	3.26	3.40	3.13
	上行	4.0	舵 角(°)	−14.17	−16.68	−16.67	−16.56	−15.19	−6.76	9.46	−17.30	−20.25	18.21	24.09	22.40	15.99
			漂 角(°)	5.63	−7.53	−7.83	4.81	7.39	−6.96	−7.73	−9.16	−6.70	−8.09	−9.26	−12.45	−10.11
			对岸航速(m/s)	2.41	2.51	2.69	2.85	2.81	3.31	3.04	3.22	2.97	2.87	2.41	2.71	2.81
371	下行	4.0	舵 角(°)	−16.05	12.45	−17.13	14.96	22.68	15.69	14.16	8.72	11.45	−18.58	−23.50	−23.31	−27.00
			漂 角(°)	−5.50	3.81	6.66	−5.20	−5.62	−7.64	−7.30	−4.56	−8.17	6.12	9.60	10.79	11.71
			对岸航速(m/s)	2.34	2.61	2.85	2.92	3.35	3.55	3.58	3.77	3.33	3.13	3.01	2.98	2.79
	上行	4.0	舵 角(°)	−11.04	−14.94	−11.46	−16.14	−16.10	−13.86	−10.65	16.63	−13.31	26.97	26.51	25.46	25.50
			漂 角(°)	−3.95	−6.05	−7.81	−7.03	6.68	8.01	6.86	−7.82	−8.64	−5.66	−11.53	−12.30	−9.62
			对岸航速(m/s)	2.57	2.62	2.84	2.83	2.83	2.84	2.82	2.97	2.87	2.85	2.72	2.50	2.65

续表

流量(m^3/s)	航向	静水航速(m/s)	航行参数	航段位置(m)												
				−200~−100	−100~0	0~100	100~200	200~400	400~600	600~800	800~1 000	1 000~1 200	1 200~1 400	1 400~1 600	1 600~1 800	1 800~2 000
1 100($Q_{沙河}$∶$Q_{北汝河}$=8∶2)	下行	4.5	舵角(°)	−15.80	13.44	−17.61	18.71	18.64	14.56	−14.12	16.80	−11.70	26.70	−22.48	−17.68	−13.57
			漂角(°)	−6.11	−3.29	6.75	−6.96	−6.33	−3.74	−7.81	−5.57	−6.09	8.31	9.47	12.90	13.74
			对岸航速(m/s)	2.75	3.08	3.63	4.36	4.70	4.92	4.90	5.04	5.12	4.85	4.86	4.17	3.82
	上行	5.0	舵角(°)	−13.66	−14.21	−21.76	−25.43	−13.77	−13.35	−12.79	−19.28	−20.38	13.05	22.26	15.37	15.24
			漂角(°)	−2.30	4.53	−5.97	6.41	9.54	−7.15	−7.69	9.47	7.80	−9.28	−13.16	−7.79	−4.34
			对岸航速(m/s)	2.28	2.31	2.46	2.91	2.94	3.23	2.74	2.79	2.39	2.16	1.54	1.79	2.45
1 100($Q_{沙河}$∶$Q_{北汝河}$=10∶0)	下行	4.5	舵角(°)	8.33	−17.59	22.70	21.54	19.64	26.40	25.18	14.09	29.48	28.07	−17.79	−16.61	−17.66
			漂角(°)	4.17	−3.28	−5.44	−7.33	−6.15	−5.63	−8.19	−7.67	−4.38	7.60	11.25	15.00	11.29
			对岸航速(m/s)	2.72	3.30	3.89	4.45	4.74	5.38	5.61	5.6	5.45	5.36	5.32	4.45	4.40
	上行	5.0	舵角(°)	−13.56	−18.89	−17.68	−17.39	−17.53	−18.93	16.87	−16.38	−25.84	27.41	27.37	27.91	19.94
			漂角(°)	−3.15	5.19	−7.49	−8.28	8.17	7.41	6.59	−6.84	13.50	−14.54	−10.88	6.02	−6.59
			对岸航速(m/s)	2.59	2.61	2.78	2.99	2.91	2.63	2.59	2.31	1.85	1.71	0.92	1.01	2.17

附表 16　优化方案 2 船闸上游北汝河入汇段船模航行试验参数表

流量（m^3/s）	航向	静水航速（m/s）	航行参数	航段位置(m)										
				−200～−100	−100～0	0～100	100～200	200～400	400～600	600～800	800～1 000	1 000～1 200	1 200～1 400	1 400～1600
300	下行	4.0	舵 角(°)	−10.96	−10.33	−10.14	17.77	12.33	10.75	−11.61	−11.91	−24.71	−23.63	−21.80
			漂 角(°)	−4.79	5.35	−3.51	−5.74	−5.38	7.59	6.40	12.08	13.26	9.87	5.46
			对岸航速(m/s)	2.53	2.74	2.99	3.94	3.47	3.22	3.04	3.14	2.73	2.59	2.51
	上行	4.0	舵 角(°)	−14.34	−16.17	−13.09	−17.81	−16.13	−16.06	24.17	30.28	35.68	28.40	−21.34
			漂 角(°)	5.71	4.57	4.72	4.11	7.45	4.30	−8.10	−9.54	−11.45	−8.54	−4.93
			对岸航速(m/s)	2.47	2.58	2.75	3.03	2.99	3.52	3.06	2.63	2.45	2.30	2.65
371	下行	4.0	舵 角(°)	−16.67	15.71	20.26	−8.80	15.88	16.73	14.93	−15.44	−22.72	−18.25	−15.50
			漂 角(°)	−3.98	4.36	4.07	−4.37	−5.59	−6.00	4.71	10.76	13.71	11.97	6.77
			对岸航速(m/s)	2.46	2.58	2.79	2.97	3.32	3.24	3.19	3.30	2.40	2.61	2.88
	上行	4.0	舵 角(°)	−13.56	−14.01	−13.91	−16.52	−16.90	−20.51	28.87	29.19	29.19	8.71	8.71
			漂 角(°)	−5.68	4.83	−6.64	7.66	−7.09	7.17	−11.15	−12.22	−12.93	−10.65	−5.01
			对岸航速(m/s)	2.64	2.82	2.88	3.07	3.15	3.29	2.85	2.89	2.70	2.77	2.72

续表

流量（m^3/s）	航向	静水航速（m/s）	航行参数	航段位置(m)										
				−200～−100	−100～0	0～100	100～200	200～400	400～600	600～800	800～1 000	1 000～1 200	1 200～1 400	1 400～1600
1 100（$Q_{沙河}$：$Q_{北汝河}$=0：10）	下行	4.5	舵 角(°)	17.82	−17.26	−14.92	15.44	16.58	15.85	26.14	−26.08	−27.51	−24.10	−15.62
			漂 角(°)	3.74	−4.70	−3.23	−6.24	5.64	−4.76	7.38	14.67	13.01	11.32	6.19
			对岸航速(m/s)	2.60	3.20	3.59	4.67	4.67	4.72	4.66	4.88	4.33	3.95	3.46
	上行	5.0	舵 角(°)	15.78	−21.03	−22.49	−22.49	−15.10	−17.28	17.08	30.97	32.30	19.22	−10.36
			漂 角(°)	−3.73	−6.64	7.64	9.75	7.05	7.22	−11.57	−13.27	−9.64	−7.21	5.15
			对岸航速(m/s)	2.04	2.46	2.68	2.59	2.41	2.60	2.16	1.95	1.85	2.18	2.36

附表 17　优化方案 2 船闸下游船模航行试验参数表

流量(m³/s)	航向	静水航速(m/s)	航行参数	航段位置(m)												
				−100～0	0～100	100～200	200～500	500～800	800～1 100	1 100～1 400	1 400～1 700	1 700～2 000	2 000～2 300	2 300～2 600	2 600～2 900	2 900～3 200
300	下行	3.5	舵 角(°)	−16.92	−15.92	7.44	15.29	−12.20	−22.99	−24.63	−15.55	18.65	35.39	35.25	24.51	6.32
			漂 角(°)	−4.87	5.95	5.08	−6.26	7.17	8.14	9.45	7.04	−6.64	−11.75	−13.38	−8.33	−5.25
			对岸航速(m/s)	2.78	3.01	3.06	3.49	3.56	3.29	3.66	3.79	4.07	3.67	3.46	3.35	3.52
	上行	4.0	舵 角(°)	15.53	12.48	−19.59	−18.62	−13.32	20.52	19.31	18.94	22.07	−35.65	−35.65	−31.16	−18.53
			漂 角(°)	−5.95	−3.31	−6.14	7.39	−7.82	−8.54	−8.25	−5.01	6.05	10.01	11.44	8.81	−4.81
			对岸航速(m/s)	2.91	3.03	2.92	2.91	2.65	2.50	2.51	2.58	2.46	2.26	2.08	2.39	2.51
371	下行	3.5	舵 角(°)	−11.07	−18.35	14.23	15.52	−21.67	−23.32	−22.78	−22.75	20.59	34.99	34.93	−19.42	−19.70
			漂 角(°)	−4.71	6.45	5.39	−8.45	−7.37	7.67	11.90	9.14	−11.47	−15.63	−12.97	−8.69	−7.33
			对岸航速(m/s)	2.73	3.03	3.00	3.49	3.68	3.61	3.62	3.93	4.40	3.80	3.77	3.71	3.63
	上行	4.0	舵 角(°)	−16.75	13.25	16.53	−17.24	9.63	19.52	27.21	22.40	17.18	−35.64	−35.60	−30.72	−10.31
			漂 角(°)	−5.33	−6.16	−6.08	−5.10	−5.83	−7.45	−11.58	−6.05	−7.64	12.15	11.99	7.55	−6.70
			对岸航速(m/s)	2.68	2.76	2.83	2.72	2.45	2.37	2.32	2.38	2.18	2.12	1.96	2.44	2.47

续表

流量(m^3/s)	航向	静水航速(m/s)	航行参数	航段位置(m)												
				−100~0	0~100	100~200	200~500	500~800	800~1 100	1 100~1 400	1 400~1 700	1 700~2 000	2 000~2 300	2 300~2 600	2 600~2 900	2 900~3 200
1 100(尾门水位16.98 m)	下行	3.5	舵 角(°)	−16.42	−17.63	12.06	−11.99	9.90	−18.98	−19.52	29.10	−27.41	35.25	36.13	35.26	−26.59
			漂 角(°)	−5.36	6.68	6.70	5.23	6.20	7.34	12.68	11.26	−5.80	−12.05	−16.13	−12.39	6.52
			对岸航速(m/s)	2.70	3.22	4.07	4.33	4.84	4.80	4.79	4.74	4.69	4.73	4.31	3.93	4.02
	上行	4.0	舵 角(°)	10.64	−12.98	−12.52	−18.99	18.57	19.98	28.63	21.28	29.50	−35.23	−35.06	−35.03	18.49
			漂 角(°)	−3.85	3.08	−8.21	−8.06	−8.25	−7.02	−10.94	−7.67	−7.82	11.06	10.69	−7.26	−6.68
			对岸航速(m/s)	3.44	3.57	3.28	3.22	3.09	2.86	2.95	2.99	2.80	2.56	2.32	2.55	2.46
1 100(尾门水位15.84 m)	下行	3.5	舵 角(°)	−12.50	−20.31	−11.25	−15.39	−18.13	−20.46	−17.15	−15.05	30.79	35.43	35.39	28.73	−21.54
			漂 角(°)	−3.95	4.07	5.50	7.86	8.56	12.59	10.43	8.71	−9.07	−16.63	−12.65	−8.73	7.36
			对岸航速(m/s)	3.42	3.70	3.83	4.25	4.70	4.83	5.04	4.74	4.62	4.45	4.57	4.63	4.72
	上行	4.0	舵 角(°)	−13.63	10.36	−20.93	−20.51	−19.37	18.01	28.70	26.30	21.14	−34.19	−34.90	−34.85	−23.47
			漂 角(°)	−5.52	−4.42	7.29	5.97	−7.38	−12.16	−11.31	−8.27	7.99	10.65	8.33	−9.57	−7.44
			对岸航速(m/s)	3.26	3.15	3.10	3.06	3.06	2.92	2.80	2.66	2.59	2.50	2.30	2.33	2.55